人间游戏

GAMES PEOPLE PLAY

The Psychology of
Human Relationships

36种心理游戏 掌握人际沟通的底层逻辑

〔美〕艾瑞克·伯恩/著

丁伟/译

陕西新华出版

太白文艺出版社·西安

图书在版编目（CIP）数据

人间游戏 /（美）艾瑞克·伯恩著；丁伟译 . -- 西安：太白文艺出版社，2023.8
ISBN 978-7-5513-2201-0

Ⅰ.①人… Ⅱ.①艾…②丁… Ⅲ.①人际关系学 – 社会心理学 – 通俗读物 Ⅳ.① C912.11-49

中国国家版本馆 CIP 数据核字 (2023) 第 024068 号

人间游戏
RENJIAN YOUXI

作　　者	[美]艾瑞克·伯恩
译　　者	丁　伟
责任编辑	赵甲思
监　　制	黄　利　万　夏
特约编辑	胡　杨　刘睿婕
营销支持	曹莉丽
版式设计	紫图装帧
出版发行	太白文艺出版社
经　　销	新华书店
印　　刷	艺堂印刷（天津）有限公司
开　　本	880mm×1230mm 1/32
字　　数	140 千字
印　　张	8
版　　次	2023 年 8 月第 1 版
印　　次	2023 年 8 月第 1 次印刷
书　　号	ISBN 978-7-5513-2201-0
定　　价	55.00 元

献给我的患者和学生，
是他们的教导让我越来越清楚游戏和生活的意义，
他们的教导仍在继续。

编者的话

Editor's Note

在心理学中，"游戏"的概念是由沟通分析（Transactional Analysis，简称 TA）流派的创始人艾瑞克·伯恩提出的，这绝不是我们平时所说的娱乐活动。为了阐释这个概念和整套相关理论，伯恩专门写了《人间游戏》一书。

艾瑞克·伯恩于 1950 年创建了沟通分析理论，之后该理论在世界各地蓬勃发展，并于 1964 年成立了国际沟通分析协会。目前，沟通分析已经被广泛应用于许多领域，且均有积极深远的影响，比如临床心理治疗、婚姻咨询、教育、组织发展等等。

《人间游戏》是艾瑞克·伯恩的经典著作，也是关于沟通分析理论的最早的专著。1964 年，伯恩和他的朋友们不得已凑钱支付了这本书的出版费用，谁曾想到这本书一经出版便大为畅销，让曾经拒绝它的出版商们瞠目结舌，全球累计销量超过 500 万册。即使到了今天，书中的理论依然广受读者赞叹。2020 年，《蛤蟆先生去看心理医生》一书出版，这是一本关于沟通分析的童话小说，其理论正是来源于《人间游戏》这本书。

伯恩在书中写道，我们的婚姻生活、家庭生活以及各种组织中的生活，都有可能只是在日复一日地进行同一种游戏的不同变体。生活中有些情境表面看起来合情合理，实际却暗藏玄机。许多读完《人间游戏》这本书的人，都会把它推荐给亲朋好友，并且激动地说："这本书把你看穿了！"国际沟通分析协会前主席詹姆斯·R.艾伦曾说："每当我重新阅读时，总会被伯恩的很多直觉灵感的可靠性与有用性打动，被他敏锐的临床观察打动，也被我们将继续得到他多少恩惠而打动。"

《人间游戏》这本书能帮助人们洞悉沟通中的心理游戏，实现有效沟通。在这本书里，伯恩不断强调，生活中的每一次沟通都隐藏着许许多多的心理游戏；每一种心理游戏，都在影响人们的工作和生活。了解日常生活中的心理游戏，能帮助你摆脱游戏的限制，用理性、客观的方式面对人生。"要不是因为你""看你都让我做了些什么""我只是想帮你"……伯恩为这些游戏冠以幽默有趣的名字，并用通俗易懂的语言、非凡的智慧和洞察力描述人与人之间的互动，让人们察觉到自己的行为是可以被理解的。更重要的是，他让人们意识到这些行为是可以改变的，并引导人们在恰当的时候，跳出游戏、打破游戏。

有读者评论道："无论是避免卷入别人的游戏，还是主动拒绝一场游戏，这本书都能提供很多帮助。"

这是一本值得反复阅读的书。只有伯恩这样严谨又风趣的人能创作出这部意义非凡的作品。当你阅读这本书时，不但会被伯恩精心构建的理论所折服，人生也会在不知不觉中得到改变。

目录
Contents

PART I 游戏分析
Analysis of Games

PART II 游戏汇编
A Thesaurus of Games

3

PART III 超越游戏
Beyond Games

前言

Preface

　　本书是我所著的《沟通分析心理治疗》（*Transactional Analysis in Psychotherapy*）[1] 的后续，在刚落笔时，我就打算按照可以独立阅读的标准来创作。在本书的第一部分，我归纳总结了易于读者理解游戏的必要理论；第二部分，我介绍了各种游戏；第三部分，我在旧有资料的基础上，增加了一些临床与理论方面的新资料，让读者在一定程度上了解摆脱游戏的意义。如果读者想进一步了解相关背景，可以参阅《沟通分析心理治疗》。阅读过这两本书的读者会意识到，本书除了在理论上的进展外，还吸收了最新的临床资料，通过更深入的思考，在术语和观点上有细微的变化。

　　非常感谢我的学生和讲座的听众们，是他们提出希望获得一份游戏清单，或者希望我对沟通分析原理进行更具体的阐述，而不只是在讲述沟通分析原理时简单地提及部分案例。正是因为他们的兴趣，本书才得以诞生。此外，我还要特别感谢那些勇于暴露自己，使新游戏被发现和命名的患者们。芭芭拉·罗森菲尔德（Barbara Rosenfeld）女士对倾听的意义有不俗的见解，我在此由衷感谢她。还有梅尔文·博伊斯（Melvin Boyce）先生、约瑟夫·康坎农（Joseph Concannon）先生、富兰克林·恩斯特（Franklin Ernst）医生、肯尼斯·埃弗茨（Kenneth Everts）医生、戈登·格里特（Gordon Gritter）医生、弗朗西斯·马特森（Frances Matson）夫人和雷·波因德克斯特（Ray Poindexter）医生，他们发现并明确了很多游戏的含义。

在此我要特别感谢克劳德·斯坦纳（Claude Steiner）先生，他是旧金山社会精神病学研讨会的研究室主任，目前就职于密歇根大学心理系。在此特别提到他，是因为他最早开展实验，证实本书中提到的许多理论和观点，而这些实验对于阐明自主性和亲密的本质至关重要。另外，我也要感谢研讨会财务秘书维奥拉·利特（Viola Litt）小姐和我的私人秘书玛丽·威廉姆斯（Mary N. Williams）夫人，谢谢她们一直提供帮助。最后，谢谢帮忙审阅校对的安妮·加勒特（Anne Garrett）。

语义说明

为了便于表述，本书主要从男性的角度来阐述游戏，除非某些游戏具有显著的女性特征。游戏的主角通常用"他"

来指代，这并非性别偏见。书中提到的情况也同样适用于"她"，除非另有说明。此外，如果游戏中的女性角色与男性角色有明显的差异，本书也会区别对待。同样，为了便于表述，本书中的治疗师也以"他"指代。本书的词汇和观点主要面向临床医生，但其他读者也可能会从中受益。

尽管本书中提到的一些术语目前也是被广泛使用的数学术语，例如 payoff*，但沟通分析中的游戏分析应该与数学中的博弈分析这门正在发展的姊妹学科加以明确区分。如果对数学中的博弈论感兴趣，可以参阅邓肯·卢斯（R. D. Luce）和霍华德·雷法（H. Raiffa）合著的《博弈与决策》（*Games & Decisions*）[2]。

加利福尼亚州卡梅尔市

1962 年 5 月

---

* 在本书的游戏分析中，payoff 译作"结局"，在数学领域的博弈论中，译作"收益"。

导言

Introduction

1. 社会交往

在《沟通分析心理治疗》[1]中，有大量介绍社会交往理论的篇幅。简而言之，它主要讲述以下内容：

斯皮茨（Spitz）发现[2]，如果婴儿长期得不到抚摸，就会不可避免地出现身体机能衰退的症状。这种症状是不可逆的，最终导致婴儿死于各种并发症。他将该现象称为情感剥夺，这会给婴儿带来致命性的伤害。

这种现象引出了关于刺激渴望（stimulus-hunger）的概念。刺激渴望是指人们渴望身体的亲密接触所带来的刺激。人们很容易接受这个结论，因为这种现象在日常生活中随处可见。

参与情感剥夺实验的成年人，也会出现与婴儿类似的表现。实验表明，被剥夺身体接触的成年人，可能会出现暂时性的精神障碍，甚至引发短暂的精神疾病。曾经受到长期禁闭处分的人，经历社交剥夺与情感剥夺后，也会出现类似的症状。实际上，即使是对肉体折磨无所畏惧的罪犯，也认为被关禁闭是最恐怖的惩罚之一 [3][4]。因此，禁闭成为一种使人服从于某种政治的手段（相反，公认的对抗政治的最佳途径是社会联合 [5]）。

从生物学的角度来看，情感剥夺和感觉剥夺会引发大脑器质性的改变。假设我们脑干的网状激活系统 [6] 未受到充分的刺激，可能会导致我们的神经细胞退化。我们认为这种退化效应可能是由于营养不良引起的，但营养不良本身可能就是个体情感淡漠的结果，就像患消瘦症的婴儿一样。

因此，我们可以推测，世间存在一条因情感剥夺而开始，以淡漠为发展过程，以神经细胞退化为后果，甚至导致死亡的生物链。从这个层面来说，刺激渴望与食物渴望一样，对于人类机体的生存至关重要。

事实上，刺激渴望并不仅仅停留在生物学层面。在心理与社会层面，刺激渴望与食物渴望相似。举例来说，类似营养不良、饱食、美食家、贪吃者、猎奇、禁欲、烹饪、烹饪大师等词汇，很容易让我们从营养层面转移到感觉层面。因为渴望食物而吃得过饱，与渴望刺激而达到过度刺激相似。在这两个领域中，如果供应充足，选择多样，那么个体便可以依照个人癖好自主选择。一些个人癖好也许由先天因素决定，不过，它们与本书讨论的问题关系不大。

对于个体选择，社会精神病学家关心的问题是：如果婴儿在正常成长过程中，出现与母亲分离的情况，那么婴儿会发生怎样的变化？目前已有的结论通俗地讲是 [7]：如果没有得到安抚，你的脊髓就会萎缩。因此，我们每个人在结束与母亲亲密无间的阶段后，余生都面临一种两难的困境：一方面，社会、心理与生物学的力量都在阻止我们继续保持婴儿时期身体上的亲密；另一方面，我们一生都在追求这种身体上的亲密。大多数情况下，我们都会妥协。我们将学会以更巧妙的方式来应对亲密的需要，甚至只以某种象征性的方式来获取这种需要，以致仅仅是来自他人的点头认可，就能暂时安抚我们。即便如此，我们对身体接触的最初渴望，丝毫不会减少。

这个妥协的过程，可以用不同的术语命名，比如"升华"。然而不管名称是什么，妥协导致的结果就是婴儿的刺激渴望转化为认可渴望（recognition-hunger）。随着妥协的复杂程度与日俱增，每个人对认可的追求变得越来越个体化。这种差异造成了社会交往的多样性，从而影响了一个人的命运。一个电影演员每周可能需要得到几百个观众的匿名称赞才能避免患脊髓萎缩；而一位科学家一年可能只要得到一位尊崇者的肯定，就能保持身心健康。

我们进行的所有身体上的亲密接触，都可以被称作"安抚"。在现实生活中，安抚有多种表达方式。比如对待婴儿，我们可以轻柔地抚摸、轻拍或拥抱、捏脸蛋、用指尖轻轻地逗他。所有安抚的方式，都会在谈话中找到对应的沟通风格。因此，我们通过观察一个人的谈话方式，就能够推测他将如何安抚一个婴儿。如果从更宏观的层面理解"安抚"，那么它可以代表任何认可他人存在的行为。因此，安抚可以作为社交行为的基本单位，彼此之间的安抚，则构成了交互作用。交互作用是社会交往的单元。

就游戏理论而言，在生物学层面任何形式的社交都胜过完全没有交往。莱文（S. Levine）[8] 著名的老鼠实验已经证明了这一结论。触摸不仅对老鼠的身体、心理和情感有正面作用，还能影响其大脑的生物化学过程，甚至对治疗白血病有积极的影响。温柔的安抚与痛苦的电击对于改善动物的健康同样有效。

以上这些通过实验所得出的理论，让我们更有信心进入下一节的讨论。

2. 时间结构

我们暂时假设：给予婴儿抚摸和给予成年人象征性的等同物——认可——都具有生存层面的意义。那么，接下来会怎么样呢？通常，就是人们彼此问候之后，接下来可以做什么呢？不管问候只是口头的一句"嘿"，还是持续数小时的东方仪式。在刺激渴望与认可渴望后，接下来就是"结构渴望"（structure-hunger）。有个青少年常见的问题：打完招呼后，你要向对方说什么？这个问题不仅存在于青少年中，对很多成年人来说，没有什么比突然无话可说、陷入沉默和尴尬的氛围中更令人难堪的了。此时，除了说"你不觉得今晚的墙壁特别直吗？"以外，在场的任何人都想不出更有趣的话题。对于人类来说，有一个永恒的问题，就是如何安排醒觉的时间。如果从存在主义角度来看，所有社交生活的目的都是为了让人们互相提供帮助以安排醒觉的时间。这种对于时间的安排，可以称为时间结构化。

从操作角度将时间结构化，我们称之为"程式化"（programming）。程式化分为三个方面：物质的、社会的和个人的。在生活中，时间结构化最常见、最方便、最舒服和最实用的方法是制订一个计划，处理外部现实中与物质相关的事物——这个过程就是我们通常所说的工作，严格来说应该称之为"活动"。"工作"一词不太恰当，因为社会精神病学作为广义的理论，必须认识到社会交往也是工作形式之一。

与物质相关的程式化（material programming）是为了应对外部现实的变化无常。这里我们关注的仅仅是活动为安抚、认可或其他复杂社交提供的社会环境。与物质相关的程式化并非一个社交问题，从本质上来说，它建立在处理数据的基础上。比如造一艘船，我们会基于一系列的数据测量和可能性评估，至于在造船过程中发生的社交，仅处于次要地位，我们的主要目的是确保活动持续进行。

与社交相关的程式化（social programming），产生一些仪式性或半仪式性的交流。其主要判断标准是当地的接受程度，即"良好的举止"。例如，世界各地的家长们都会教育孩子要"懂礼貌"，懂礼貌是指懂得得体地问候他人、进食、排泄、求偶和举行哀悼仪式，以及如何带着适当的赞成和反对进行某一主题的谈话——赞成和反对的内容，有些是世界相通的，有些是地域性的，体现出一个人社会交往的熟练程度和得体程度。比如，有些地方在进餐时禁止打嗝或问候其他男性的妻子，还有些地方则恰恰相反，鼓励这种行为。事实上，在这两种沟通间存在很高的负相关。在允许进餐打嗝的地区，问候女眷是不明智的做法；而在人们可以问候女眷的地区，进餐打嗝则是不明智的做法。通常来说，正式的仪式先于半仪式的话题交流，后者可以称为"消遣"。

随着人们之间逐渐熟悉，出现越来越多的个人程式化（individual programming）。个人程式化的结果就是"事件"。这些事件从表面来看，是一种偶然现象，而且当事人也这么认为。如果我们仔细观察就会发现，事件往往遵循着相对固定的模式，可以被整理和分类。还有一些潜规则影响这些事件的发展顺序。无论是友善关系还是敌对关系，只要大家遵循游戏规则，那么就会形成潜规则；若有人违背游戏规则，那么潜规则就会浮出水面，并导致象征层面、语言层面或者法律层面的"犯规"。与消遣不同的是，这样的发展顺序是基于个人程式化而非社会程式化，因此我们称之为游戏。放眼望去，我们的婚姻生活、家庭生活以及各种组织中的生活，都有可能只是在日复一日地进行同一种游戏的不同变体。

当我们说玩游戏构成了大多数社交活动时，并不是说社交活动好玩，或者说当事人没有认真进入关系的互动中。首先，足球和其他体育游戏可能并不好玩，参与者可能会感到忧虑，和赌博及其他游戏一样，可能会很严肃，有时候甚至还会有致命危险。其次，既然有些作者，例如赫伊津哈（Huizinga）[9]将食人族盛宴这种危险的事情也纳入游戏中，那么本书将诸如轻生、酗酒、药物成瘾、犯罪、精神分裂等很多悲剧行为列入游戏也并非玩笑之举。因为人类游戏从本质上来说，并不是情感的虚伪化，而是情感的规则化。情感的规则化表现为情感表达一旦不合规则，便会受到处罚。游戏可能非常严肃，甚至严肃到危及生命。不过，只有游戏规则被打破时，才会出现严肃的社会制裁。

在现实生活中，消遣和游戏是真实亲密关系的替代品，因此我们可以将消遣和游戏看作是初步约定，而不是真正的结合。这就是为什么游戏往往表现出一种尖锐的形式。只有当人们本能的个人程式化变得强烈，并且开始放弃社会模式化，放下隐藏的动机和限制时，真正的亲密关系才会出现。亲密是能够完全满足人们刺激渴望、认可渴望与结构渴望的唯一途径。亲密的原型是充满爱的受孕行为。

结构渴望与刺激渴望一样，具有生存层面的意义。刺激渴望和认可渴望的背后，表达的是人类对于免受感觉饥饿和情感饥饿折磨的需要，感觉与情感饥饿会导致生物退化。结构渴望的背后，表达的是个体避免无聊的需求。克尔凯郭尔（Kierkegaard）[10]曾经指出，恶始于时间的未结构化。如果未结构化持续很长时间，那么无聊将等同于情感饥饿，并且导致与情感饥饿相同的结果。

当一个人独处的时候，有两种安排时间的方法：活动和幻想。每个学校的老师都知道，有的人即使身处人群中，也可能是在独处。当一个人成为由两人或多人组成的社会团体中的一员时，他就拥有更多种类的结构化时间的选择。根据复杂程度，这些选择分别是：（1）仪式；（2）消遣；（3）游戏；（4）亲密；（5）活动。活动是前面四种方式的社会环境。社会团体中的每个成员，都试图通过与其他成员的互动而获得满足。一个人越容易接近，他获得的满足就越多。在社交活动中，大部分程式化是自动的。这里需要进一步解释，由于某些"满足"是在类似于自我伤害的程式化之下获得的，所以我们不能以一般意义上的"满足"去理解，最好用中性词来代替它，比如"获益"或"好处"。

社交过程中的获益，一般围绕生理和心理的平衡而展开。这种获益与以下因素有关：（1）缓解紧张；（2）避免有害情境；（3）获得安抚；（4）维持已有平衡。对此，生理学家、心理学家和精神分析师们已经进行了详尽的研究与探讨。如果用社会精神病学术语解释，它们可以表示为：（1）首要内在获益；（2）首要外在获益；（3）次级获益；（4）存在性获益。前三者恰好与弗洛伊德描述的"疾病获益"相对应，分别是：内在原发性获益（internal paranosic gain）、外在原发性获益（external paranosic gain）和不健康获益（epinosic gain）[11]。根据我们的经验，从获益的角度来探讨社会交往，要比把它当成某种防御机制进行研究更有用，也更具启发性。原因有两个：第一，最好的防御是彻底与他人断绝往来；第二，"防御"只包含了前两类获益，而不包括后两类获益。

最让人们愉悦的社会交往形式是游戏和亲密。尽管亲密是个人的私事，但很少有人能够维持长久的亲密。有意义的社交大部分以游戏的形式进行，这也是我们要研究的主要对象。如果你想进一步了解相关时间结构的内容，可以参阅我关于团体动力学方面的著作[12]。

PART

I

Analysis of Games
游戏分析

第一章 结构分析
Structural Analysis

通过观察人们自发的社会活动——大部分是在某些心理治疗团体中进行的富有成效的观察——可以发现人们的姿势、观点、声音、措辞及行为的其他方面，时不时会发生显著的变化，而这些行为的变化往往伴随着情绪的转变。就个体而言，一套行为模式对应着一种心理状态，另一套行为模式则对应着另一种心理状态，这两种心理状态往往并不相同。这种转变与差异产生了自我状态（ego state）的概念。

如果用专业术语描述，从现象上来说，自我状态是一种连贯的情绪系统；从操作上来说，则是一种连贯且一致的行为模式。倘若用更切合实际的术语描述，自我状态是伴随一套相关行为模式的情绪感受系统。每个个体似乎都拥有有限数量的自我状态，它们并不是指人们所扮演的角色，而是指心理现实。这些自我状态可以分为三类：（1）与父母式人物心理状态类似的自我状态；（2）自主而直接地对现实进行客观评估的自我状态；（3）停滞于儿童时期依然处于活跃状态

的自我状态。这三种自我状态的专业术语分别是外在心灵的
（exteropsychic）自我状态、新心灵的（neopsychic）自我状态以
及早期心灵的（archaeopsychic）自我状态。简而言之，我们可
以称它们为父母自我状态、成人自我状态和儿童自我状态。
除了最正式的讨论外，这几个简单的术语可以被运用于所有
讨论。

　　我们认为，在任何特定的时刻，身处社会团体中的每个
人都会呈现出父母自我状态、成人自我状态或者儿童自我状
态，并且每个人都能从一种自我状态转换到另一种自我状态，
只是转换的难易程度略有差异。通过观察，我们可以得出一
些诊断性说明。当我们说"那是你的父母自我状态"时，意
味着"你现在的心理状态与你的父母（父母角色的替代者）
之一曾出现的某种心理状态相同，并且你目前的姿势、手势、
措辞、情绪反应也和他一样"。当我们说"那是你的成人自我
状态"时，意味着"你刚才进行了自主客观的评判，并且以
一种公正的客观方式陈述你的思考过程、你看到的问题以及
得出的结论"。当我们说"那是你的儿童自我状态"时，则意
味着"你的反应和想法与你的儿童时期一样"。

　　其含义如下。

　　（1）每个人都曾有父母（父母的替代者）。他的自我状态
中的一部分是对父母式人物自我状态的复制。这些父母自我

状态在特定的情境下会被激活，简而言之，就是"每个人的心中都有他们的父母"。

（2）只有合适的自我状态被激活，每个人才有客观处理信息的能力，儿童、智障者甚至精神分裂症患者也不例外。换句话说，就是"每个人都拥有成人自我状态"。

（3）每个人都曾经历过比现在年轻的时期，因此每个人心中都有一部分过去的遗留物，并且这些遗留物能够在某些情境下被激活。通俗来说，"每个人心中都有一个小男孩或者小女孩"。

现在我们来看图1（a），也就是自我状态结构图。从目前的观点来看，这张图是对一个人完整人格的刻画。它包含了父母自我状态、成人自我状态和儿童自我状态。这三种自我状态彼此独立，这是由于它们之间存在巨大的差异并且经常不一致。如果一个观察者没有经验，那么他可能最初看不出其中的差异，但只要认真学习结构诊断，很快就会对这三种状态之间的差别留下深刻的印象。图1（b）是简化的自我状态结构图。

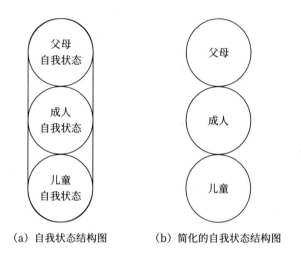

（a）自我状态结构图　　　（b）简化的自我状态结构图

图1　自我状态结构图

在我们讨论结构分析前，需要对一些复杂的情况做出以下说明。

（1）在结构分析中，我们不会使用"孩子气"这个词。因为这个词意味着它必须被抛弃或立刻停止，隐含着强烈的不受欢迎的含义。会用"孩子般的"来描述儿童自我状态，因为它更多是生物学层面的描述，而不是带有偏见的评价。事实上，儿童自我状态在很多方面是人格中最具价值的部分。它对人们生活的作用，就像现实中孩子对家庭的作用一样，充满魅力、快乐并极具创造性。倘若一个人的儿童自我状态是混乱且不健康的，就会导致不幸的结局。我们可以对此采取措施，而且也应当对此采取措施。

（2）同样的道理，在进行结构分析时，我们不使用"成熟"与"不成熟"这两个词。因为在结构分析中，没有所谓"不成熟的人"，只有被儿童自我状态不恰当或徒劳无益地接管了的人。不过，这类人仍具备完整的、结构良好的成人自我状态，只是尚未被发现或激活。相反，那些所谓"成熟的人"，是指在大部分时间内都能够保持成人自我状态、受成人自我状态控制的人。然而，他们也与其他人一样，偶尔也会被儿童自我状态控制，往往会带来令人尴尬的结果。

（3）需要说明的是，父母自我状态以两种形式呈现，一种是直接的，另一种是间接的。直接的父母自我状态是一种积极主动的自我状态，间接的父母自我状态则是一种影响力。当父母自我状态以直接的形式呈现时，这个人的反应和自己父母的真实反应如出一辙，即"照我做的做"。当父母自我状态以间接形式呈现时，个体会按照父母对他期望的方式去行动，即"不要照我做的做，照我说的做"。在前一种情况下，个体变成了父母中的某一个；在后一种情况下，个体使自己满足了父母的要求。

（4）儿童自我状态也有两种表现形态，一种是适应型儿童自我状态，另一种是自然型儿童自我状态。如果一个人处

7

于适应型儿童自我状态，那么他会在父母自我状态的影响下调整自己的行为。他会依照父亲（母亲）希望的那样表现，比如顺从或早熟。或者，他会通过退缩或抱怨的方式自我调节。父母自我状态的影响是诱因，适应型儿童自我状态才是结果。自然型儿童自我状态是一种自发行为的表达，例如自主的反叛或创造。我们可以通过醉酒验证结构分析。通常，醉酒的人首先会脱离父母自我状态的控制，之后适应型儿童自我状态会摆脱父母自我状态的影响，通过释放转换为自然型儿童自我状态。

就人格结构而言，有效的游戏分析所需的知识很少超过以上内容范畴。

自我状态是一种正常的生理现象。大脑是精神生活的器官或组织者，精神生活的产物是以自我状态的形式来组织和储存的。彭菲尔德（Penfield）和他的同事所做的研究便是最具体的证据 [1][2]。在不同层面，也存在不同的分类系统，比如真实的记忆，但人类经验本身最自然的形式，依然在于心理状态的切换。对人类机体来说，每一种自我状态都具有其重要的价值。

儿童自我状态包括直觉 [3]、创造力、自主的驱动力和兴趣。

成人自我状态对生存至关重要。通过成人自我状态，我们得以处理数据、计算可能性，这些都是我们能够高效应对外部世界不可或缺的。成人自我状态也会经历一些自身的挫折与满足感。例如，当我们横穿拥堵的马路时，需要对复杂的速度数据进行分析。只有当我们确定可以安全穿过马路后，才会采取行动。类似这种成功的估算会带给人满足感，滑雪、开飞机、航海或其他运动所带来的快感部分也源于此。成人自我状态的另一项任务是对父母自我状态与儿童自我状态的活动予以管理，并在两者间进行客观调解。

父母自我状态具有两大功能。首先，它可以使人高效地行动，就像真实儿童的父母一样，这有助于人类的生存。这方面的价值在养育孩子上可以体现出来：那些在婴儿时期就失去父母的人，要比在青春期前家庭没有破裂的人过得更加艰难。其次，父母自我状态会带来许多自发反应，使人们节省了大量的时间和精力。在很多事情上，人们都是不假思索、自发完成的，因为"这件事就该这么做"。如此一来，成人自我状态就能免于去做大量琐碎的决定，从而把精力放在更重要的事情上。

因此人格的这三种自我状态都具有非常重要的生存价值与生活价值。只有当其中的一种自我状态破坏了健康的平衡时，我们才需要对其进行分析与重建。若非如此，这三种自我状态都应当得到同等的尊重，并且在人类丰富高效的生活中占据合理的位置。

第二章 沟通分析
Transactional Analysis

  单次沟通是社会交往的基本单位。假设有两个或者多个人在某个社会群体里相遇,早晚会有一个人开始说话,或者用其他方式表示自己意识到了他人的存在,这就是沟通刺激(transactional stimulus)。这时另一个人会回应一些话或采取一些行动,这些话或行动与第一个人的刺激有关,这就是沟通回应(transactional response)。简单的沟通分析,就是诊断出哪个自我状态发出了沟通刺激,又是哪个自我状态做出了沟通回应。首先,在最基本的沟通中,刺激与回应都来自沟通双方的成人自我状态。比如,沟通发起者是一位医生,他在手术台前对当下的情况进行判断,随即发现目前最需要的工具是手术刀,于是他将手伸向站在一旁的护士。护士作为沟通回应者,准确判断出医生姿势的含义,并且预估出两个人之间的距离和递刀的力度,把手术刀准确地递给医生。其次,简单的沟通是儿童自我状态与父母自我状态之间的沟通。比如孩子发烧,想要喝水,母亲充满关爱地把水递给他。

上面提到的这两种沟通都是互补的。即回应者给予的回应是恰当的，符合沟通发起者的预期，而且遵循正常人际关系的自然规律。第一种沟通属于互补沟通Ⅰ型，如图2（a）所示，第二种属于互补沟通Ⅱ型，如图2（b）所示。显然，沟通往往是连锁反应，因此每一个回应都将刺激下一个沟通的发生。沟通的第一法则是，只要沟通互补，沟通就能够顺利地进行。因此我们可以推断，倘若保持互补沟通，那么从原则上来说，沟通可以无限地进行下去。

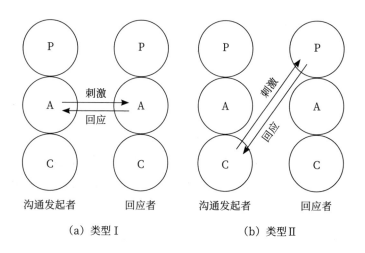

（a）类型Ⅰ　　　　　　（b）类型Ⅱ

图2　互补沟通

以上规则与沟通的内容及本质无关，完全基于沟通涉及的矢量方向。只要沟通是互补的，那么无论沟通双方之间进行的是父母自我状态与父母自我状态之间的批判性沟通，还是成人自我状态与成人自我状态之间的解决问题，抑或是儿童自我状态与儿童自我状态之间或父母自我状态与儿童自我状态之间的共同玩耍，都遵循这个规则。

与其相反的规则是，如果出现交错沟通，那么沟通就会中断。最常见的交错式沟通是交错沟通Ⅰ型，如图 3（a）所示。这种类型是产生世界上大部分社交困境的根源。无论是婚姻、爱情、友情，还是工作中的困境，心理治疗师最关注的就是这类沟通，精神分析学派也将其视为经典的移情反应。

举例来说，在社会交往中，对于类似"你为什么最近喝酒越来越多？""你知道我的衬衫袖扣在哪里吗？"的沟通刺激，是成人自我状态对成人自我状态。对这种刺激，比较恰当的回应，也应当是从成人自我状态到成人自我状态，比如"我也想知道为什么喝这么多""袖扣就在桌子上"。

但如果对方的回应是勃然大怒，比如"你总是像我爸爸那样批评我"或者"你总是什么事情都来怪我"，这些都是儿童自我状态对父母自我状态的回应。正如交错沟通图所示，在这种情况下，两个沟通矢量交叉了。这时，成人自我状态提出的关于喝酒或者袖扣的问题被无视了，除非沟通矢量被重新排列。然而，沟通矢量重新排列会出现各种情况，速度有快有慢，慢则持续数月（比如饮酒的例子），快则只需几秒（比如袖扣的例子）。沟通矢量的重新排列，或是因为沟通发起者进入父母自我状态，与回应者突然被激活的儿童自我状态互补，或是回应者的成人自我状态被激活，重新和沟通发起者的成人自我状态进行互补沟通。例如，雇主在和保姆谈论洗碗问题时，保姆突然表示抗议。那么这个时候，关于洗碗问题的成人自我状态与成人自我状态之间的谈话就会停止。接下来，只会出现儿童自我状态与父母自我状态之间的对话，或者直接开始另一个成人自我状态的话题，即讨论是否继续保持雇佣关系。

　　与交错沟通 I 型相反的情况，我们以图 3（b）表示，这种现象被称为反移情反应。这时患者会做出客观的成人自我状态的观察，而治疗师的回应则像是父母对孩子一样，从而造成沟通矢量的交错。这就是交错沟通的 II 型。这种现象在日常生活中也经常出现。比如，一个人问"你知道我的衬衫袖扣在哪里吗？"，另一方的回应是"你为什么不管好自己的东西？你已经不是小孩子了"。

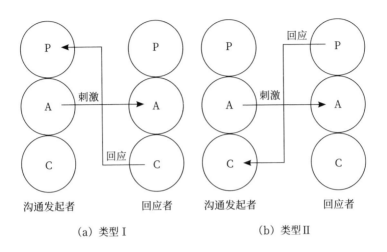

（a）类型 I   （b）类型 II

图 3　交错沟通

　　图 4 为人际关系示意图。从图中我们可以看到沟通发起者和沟通回应者之间可能存在的九种社交行为矢量。这张图具有一定的几何学特性。在两个心理上对等的人之间发生的互补沟通表示为（1—1）^{2}、（5—5）^{2} 和（9—9）^{2}。另外三种互补沟通分别为（2—4）（4—2）、（3—7）（7—3）和（6—8）（8—6）。

　　除此之外，其余的刺激—回应矢量组合都属于交错沟通，而且大部分组合都表现为图中的相互交叉。以（3—7）（3—7）为例，这样的沟通会导致两个人彼此怒视，互相冷战。如果两个人都不愿意让步，那么这场沟通就会停止，他们也会分开。要改变这种情况，最常见的解决办法是有一个人让步，

15

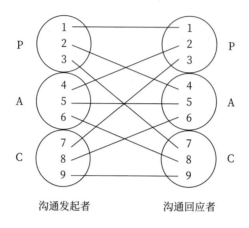

沟通发起者　　　　　　　　沟通回应者

图 4　人际关系示意图

并且采取（7—3）的沟通，从而开始"吵闹"游戏。还有一种更好的解决办法，就是（5—5）²，这样两个人都会忍不住笑出来，握手言和。

简单的互补沟通往往出现在浅薄的工作关系与社会关系中，它们往往容易被简单的交错沟通影响。事实上，我们可以把浅薄的人际关系定义为局限在简单互补沟通中的关系。这种浅薄的人际关系，一般存在于活动、仪式或消遣中。稍微复杂的沟通是隐蔽沟通。在隐蔽沟通中，存在两个及两个以上的自我状态参与沟通活动。隐蔽沟通也是游戏的基础。另外，还有一种销售员擅长的角型沟通。这种沟通涉及三种自我状态。下面举一个简单而戏剧化的销售游戏的例子。

销售员:"这个更好一些,但是你买不起。"

家庭主妇:"我就要这个了。"

如图 5(a)中,呈现了对上述沟通的分析。处于成人自我状态的销售员,客观陈述了两个事实,即"这个更好"和"你买不起"。从社会层面来看,这两个陈述都指向家庭主妇的成人自我状态。正常来说,家庭主妇的成人自我状态应当回应"你说的这两点都对"。然而,从心理层面来看,这是一种隐蔽沟通。沟通矢量是从销售员的富有销售技巧的成人自我状态指向家庭主妇的儿童自我状态。不出意外,家庭主妇会如他所预料以儿童自我状态给予回应。

销售员的预判是正确的。家庭主妇的儿童自我状态是在表达"我非买这个,让你看看,我不比那些富有的顾客差",她并不在意这会造成经济损失。不管在社会层面还是心理层面,沟通都是互补的。因为家庭主妇的回应,从表面上看,就是成人自我状态在完成一项买卖。

复式隐蔽沟通包含了四种自我状态,往往表现在调情游戏中。例如:

牛仔:"来,看看这个谷仓 *。"

---

* 美国农场上的功能性存储空间,也是一种社交场所。

女游客:"我从小就喜欢谷仓。"

如图5(b)所示,在社会层面上,这是两个成人自我状态关于谷仓的交谈。但就心理层面而言,却是两个儿童自我状态关于性游戏的对话。表面看来,仿佛是成人自我状态在掌控,但这和大部分游戏一样,决定结局的却是儿童自我状态,参与者对此可能会感到惊讶。

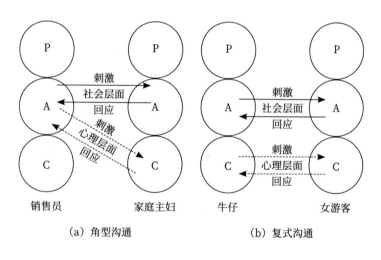

（a）角型沟通　　　　　（b）复式沟通

图5　隐蔽沟通

沟通可以分为互补沟通或交错沟通、简单沟通或隐蔽沟通。隐蔽沟通又可以细分为角型沟通和复式沟通。

第三章　程序和仪式

Procedures and Rituals

　　沟通往往是按顺序进行的，其发展顺序不是随机的，而是程式化的。程式化有三种来源：父母自我状态、成人自我状态或儿童自我状态。如果我们从更广泛的角度来审视，程式化源自社会、物质或个体特性。为了更好地适应生存环境，儿童自我状态被父母自我状态或成人自我状态保护，直至每一个社交情景都得到检测。所以，儿童自我状态的程式化，很可能出现在其父母自我状态和成人自我状态经过初步检测的私密和亲密的情境中。

　　程序和仪式是最简单的社会活动形式。其中有些程序和仪式具有普遍性，有些则具有地域性。无论如何，我们都应该对它们进行了解。程序是在成人自我状态之间进行的、通往现实操作的一系列简单互补沟通。在这个定义里，现实有两个方面：静态的和动态的。静态的现实包括宇宙万物所有的可能性。比如算术，就是由有关静态现实的陈述组成；动态的现实则可以被我们定义为宇宙中所有能量系统相互作用产生的可能性，比如化学就是由有关动态现实的陈述组成。

程序的基础是对物质现实的数据处理和可能性评估。在专业技术中，程序化实现了最大程度的发展，比如驾驶飞机、切除阑尾手术等都属于程序。心理治疗在治疗师的成人自我状态控制下有条不紊地进行，这是一种程序。但如果治疗由治疗师的父母自我状态或儿童自我状态掌控，那么治疗就不再是程序。

程序的程式化由物质材料决定，并以成人自我状态主导的评估作为基础。这里有两个变量可以用来评估程序，即效率和效果。假如实施程序的人能在最大程度上运用他可以获得的数据资料和经验，那么无论他有怎样的知识缺陷，他的程序都是有效率的。如果在这个过程中，父母自我状态或儿童自我状态干扰了成人自我状态的数据处理，那么这个程序就会被破坏，因此效率也会降低。程序的效果则可以借由程序产生的实际结果来判断。因此，效率是一个心理学的指标，而效果却是一个物质性的指标。

假设在一个热带岛屿上，有一个精通白内障摘除术的医生助手。他运用知识的效率很高，但是由于他的知识储备量不如一位来自欧洲的医生，导致他的手术效果没有欧洲医生好。后来，这位欧洲医生开始酗酒，手术的效率逐渐降低，但刚开始酗酒时，欧洲医生的手术效果并没有明显下降。可是多年之后，欧洲医生的手开始不受控制地发抖。渐渐地，这位助手在效率和效果两方面都超过了欧洲医生。从这个例子中，我们可以看出，效率与效果这两个变量最好由熟悉此程序的专家来进行评估。在评估的时候，需要由对程序实施者了解的专家评估其效率，并通过调查实际结果评估其效果。

目前，我们认为仪式是一种被外部社会力量框定的、约定俗成的互补沟通。尽管某个非正式仪式在细节上因地域不同而有所差异，但基本形式大同小异，比如社交告别仪式。而一个正式的仪式，则几乎不允许出现变化。仪式的形式是由祖训决定的，相对而言现代的父母自我状态只会在某些不重要的方面，对仪式造成一些类似但不稳定的影响。很多具有历史价值或人类学价值的正式仪式都包括两个阶段：（1）在父母自我状态严格约束下进行交互作用的阶段；（2）在父母自我状态的允许下，儿童自我状态或多或少地进行完全自由的交互作用并导致狂欢的阶段。

很多正式仪式一开始就像受到严重破坏但又十分有效的程序。然而，随着时间的推移，它们丢失了所有程序上的有效性，只保留了其表达信仰的用途。在沟通中，这些正式仪式体现了对传统父母自我状态的顺从，从而减轻其罪恶感，或是寻求嘉奖。正式仪式提供一种安全、安心、愉快的结构时间的方法。

21

对游戏分析来说，更有意义的是非正式仪式。在此，特别适合讨论的是美国式的问候仪式。

1A："嗨！"（早上好。）

1B："嗨！"（早上好。）

2A："今天天气很暖和，不是吗？"（你好吗？）

2B："是的，不过好像要下雨。"（我很好，你呢？）

3A："嗯，那你要注意点儿哦。"（也很好。）

3B："嗯，改天见。"

4A："再见。"

4B："再见。"

显而易见，以上这些交互作用并不是为了传递信息。不仅如此，就算真的有任何信息，在此时也最好不要说。因为A先生可能要花15分钟来陈述他的状况，可与他只是泛泛之交的B先生却不愿意花这么多时间来当他的听众。

这一系列沟通序列的特点，可以用"8个安抚仪式"来概括。以上述对话为例，如果A先生和B先生都有急事，那么2个安抚交换仪式便已足够："嗨！——嗨！"。如果他们都是老派的东方贵族，那么他们可能需要先进行200个安抚的交换仪式，才能坐下来商量正经事。此外，用沟通分析的专业术语来说，A 先生和 B 先生都能轻微地促进彼此的健康。至少在寒暄的时候，"他们的脊髓不会萎缩"，而且双方都心存善意。

这种仪式的基础是沟通双方直觉性的估算。在刚认识的阶段，他们知道每次见面只需要给对方 4 个安抚，并且保持一天一次的频率就可以。如果他们不久后又见面了，比如在第一次见面后的半小时后，又见了第二次，在双方没有什么需要说的情况下，他们可能会直接走过去或微微点头，最多只是随意说一声"嗨"。这种估算不仅在短期内有效，而且会维持数月的时间。这里我们以 C 先生和 D 先生举例。

C 先生和 D 先生每天见一次面，每次相互交换一个安抚——"嗨"，然后各自去做各自的事情。C 先生出去休假一个月，回来后像平常一样见到 D 先生。在这种情况下，如果 D 先生只是说一声"嗨"，而没有其他表示，那么 C 先生就会觉得不舒服，好像"他的脊髓会轻微萎缩"。

因为根据 C 先生的估算，D 先生和自己这次至少需要交换 30 个安抚才行。只要他们的沟通足够有效，就可以将这些数量的安抚压缩到几个回合的交互作用中。D 先生可以说如下的话（在以下对话中，每个单位的"强度"或"兴趣"相当于一个安抚）。

1D：“嗨！”（1 个单位）

2D：“最近一直没见到你。”（2 个单位）

3D：“哦，这样啊！你去哪儿了？”（5 个单位）

4D：“哈哈，那真好玩。你感觉怎么样？”（7 个单位）

5D：“你看上去气色真不错。”（4 个单位）“你的家人也和你一起去了吗？”（4 个单位）

6D：“噢，很高兴看到你回来。”（4 个单位）

7D：“再见。”（1 个单位）

D 先生总共给出 28 个单位的安抚。他和 C 先生都知道，剩下的几个安抚会在第二天补齐。两天后，他们又恢复了原来 2 个安抚的交换仪式："嗨！——嗨！"。不过，经过这件事，他们开始"对彼此有更多的了解"。比如，他们会知道对方是个可靠的人。假如他们在"社交场合"碰面，这一点会很有帮助。

还有一种情况值得考虑，这种情况与 C 先生和 D 先生的情况截然不同。在这种情况中，E 先生和 F 先生已经建立了一种"2 个安抚"的交往仪式："嗨！——嗨！"。

有一天，E 先生没有像往常一样说完"嗨"就走开，而是停下来问 F 先生："你好吗？"

以下是 E、F 二人的谈话过程。

1E："嗨！"

1F："嗨！"

2E："你好吗？"

2F（迷惑）："我很好，你呢？"

3E："我一切都好。今天天气很暖和，不是吗？"

3F："是啊（谨慎地）。不过看上去好像要下雨。"

4E："又见到你了，真高兴。"

4F："我也是。不好意思，我要在图书馆关门前赶到那里，再见。"

5E："再见。"

F先生一边急匆匆地走开，一边在心里想："E怎么突然这样？他是想要推销保险或其他什么东西吗？"从沟通分析的角度来看，F的想法是："E明明只需给我1个安抚，为什么他现在要给我5个？"

还有一个更简单的例子，能表明简单仪式的本质，就像是做生意一样，双方互换。比如G先生说"嗨"，但H先生没回应就走了。G先生会想："他怎么了？"这个问题的含义是："我给了他1个安抚，他却没有回我1个。"如果H先生继续保持冷漠，并且对其他熟人也不关心，那么他就会引来其他人的一些议论。

有时，在某些模棱两可的情况下，程序和仪式是很难区分的。非专业人士容易把专业程序当作仪式，尽管程序当中的每次沟通都建立在合理或者关键的经验基础上，可是由于非专业人士缺少相应的背景知识，以致意识不到这一点。

专业人士则不会如此。他们通常会把依附于程序之上的仪式成分合理化，而且以外行人不能理解为由，不将外行人的质疑纳入考虑范围。保守的专业人士用来抵制引进新程序的方法之一，就是嘲笑这些新程序只是仪式。塞麦尔维斯（Semmelweis）*和其他革新者的命运就是如此。

程序和仪式的本质和共同点在于，它们都是固定的模式。一旦开始第一次沟通，那么接下来便会运行固定的流程，最终通往注定的结局。除非有特殊情况发生，否则整个沟通过程都是可预测的。程序和仪式之间的差别在于，程序源于成人自我状态的程式化安排，仪式则是父母自我状态程式化的结果。

对仪式感到不舒服或者不熟悉的人，时常会用替代性的程序来逃避。比如，他们在聚会中往往喜欢帮助女主人准备食物、酒水或帮忙招待其他人。

---

* 19世纪匈牙利妇产科医生。他提出医生在接生之前应该用漂白粉溶液消毒，这显著降低了产褥热的死亡率。但"洗手"的提议冒犯了同行，导致他遭到同行的迫害，被送进精神病院。他尝试逃跑后遭到毒打，两周后死于伤口感染。

第四章　消遣
Pastimes

消遣发生在复杂多变的社交场合或临时性的交往中，因此消遣本身也是复杂多变的。如果把一次沟通视为社会交往的单元，就能够把对应的社交情境分解成一个个简单的实体，并称之为消遣。

消遣可以被定义为围绕某个特定主题展开的一系列半仪式化的简单互补沟通。这种互补沟通的首要目的是结构化一段间歇时间。

这段间歇期的起始与结束往往以程序或仪式为标志。在消遣中，沟通的程序是自适应的，因此消遣中的每个人都可以在间歇期里获得最大益处。一个人的自适应能力越强，从中获得的就越多。

消遣通常出现在派对中或者团体会议正式开始前的等待时间。团体会议开始前的等待时间，具备和派对相同的结构和动力。消遣可能以闲聊的形式进行，也可能以更为严肃的形式进行，比如辩论。一个大规模的鸡尾酒会如同一个展示各种消遣的长廊。房间的某个角落，可能有一群人在开"家长会"；另一个角落，可能有人在开"精神病学"研讨会；第三个角落可能在上演"曾经去过"或"后来怎么样了"的消遣；第四个角落可能正在讨论"通用汽车"。自助餐台则是为玩"厨房"或"衣橱"这两种消遣的女士准备的。

此类聚会几乎拥有相同的规则，只不过聚会场所和名称不同而已。在同一个地区，可能在同时进行着十几场相似的聚会，在不同的社会阶层中，或许正在进行另外十几场不同类别的消遣聚会。

我们可以根据不同的方式对消遣进行分类。在社会学中，我们根据外部决定性因素分类，如性别、年龄、婚姻状况、民族、种族或经济状况等。"通用汽车（比较汽车）"和"谁赢了比赛（体育运动）"都是"男人的话题"，而"食品杂货""厨房"和"衣橱"都是"女人的话题"。"亲热"是青少年的话题。如果消遣的话题转为"资产负债表"，就意味着人们开始逐渐步入中年。依据社会学的分类方式，还有另外一些消遣，是"闲聊"的各种变体。比如"怎样做某事"，这种消遣容易用来打发短途飞行时间。"这个多少钱"，是中下阶层最喜欢在酒吧聊的话题。"曾经去过"（某个令人怀念的地方）是像销售员一类的中产阶级老水手玩的游戏。孤独的人喜欢聊"你知道某人或某事吗"。经济上的成功者或失败者都喜欢谈论（老好人乔伊）"后来怎么样了"。许多野心勃勃的年轻人热衷于"酒醒之后的次日清晨"和"马提尼酒"这样的话题。

对消遣进行结构—沟通分析式分类是一种更为个性化的分类方式。因此，"家长会"消遣就有三个水平。在儿童自我状态—儿童自我状态水平，这个消遣体现为"你怎样应对顽固的父母"。这种消遣以成人自我状态—成人自我状态进行更为合适，在知识丰富的年轻母亲之间比较流行。年长的人们通常会进行较为独断专行的父母自我状态—父母自我状态的"家长会"，比如探讨青少年犯罪。有些已婚夫妇会玩"亲爱的，告诉他们"的消遣，这时妻子是父母自我状态，而丈夫看上去则像个早熟的孩子。"妈妈你瞧，我不用手哦"是一种儿童自我状态—父母自我状态的消遣，这种消遣适用于所有年龄段的人。它有时也会转换为成年人用害羞的口吻说："哦，伙计们，哪有那回事！"

对于消遣，以心理学进行分类更具说服力。比如"家长会"和"精神病学"都可分为投射型（将话题指向别人）和内射型（将话题引向自身）。下面的父母自我状态—父母自我状态的对话，便是投射型"家长会"的例子。图6（a）是对投射型"家长会"进行的分析。

A：“如果不是因为存在家庭破裂的现象，就不会发生犯罪。”

B：“不仅如此，如今，即便家庭完整，也几乎没有人像从前一样教育孩子们待人接物要彬彬有礼。”

内射型“家长会”则像下面的对话一样（成人自我状态—成人自我状态）。

C：“我似乎没有做一个合格母亲的潜质。”

D：“不管你多么尽心尽力，孩子永远都不可能按照你预期的那样成长。所以你总是反思自己是不是做对了，或者担心自己是不是做错了。”

投射型“精神病学”消遣以成人自我状态—成人自我状态的形式进行。

E：“我认为是口欲期无意间受到的挫折让他做出了那样的行为。”

F：“你仿佛把自己的攻击性很好地升华了。”

图6（b）呈现出的是内射型“精神病学”。这是另一种成

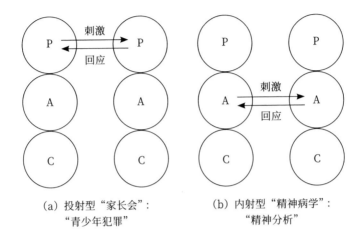

（a）投射型"家长会"：　　　　（b）内射型"精神病学"：
　　　"青少年犯罪"　　　　　　　　"精神分析"

图 6　消遣

人自我状态—成人自我状态式消遣。

G："对我来说画画意味着诋毁。"

H："我画画是为了讨好我父亲。"

　　消遣的作用，包括实现时间的结构化、为沟通者提供适当的安抚以及帮助他们进行社交选择。在消遣的过程中，每个人的儿童自我状态都在认真地评估其他人的潜力。当聚会结束时，每个人都已经做出社交选择。他们希望能与聚会中的某些人进行更深入的交往，对其他人则拒绝继续交往。这种社交选择，与参与消遣者的沟通能力或愉悦度无关。他选择的是最有可能与他建立更加复杂关系的候选者，即与他玩心理游戏的人。一个人在消遣中的选择，不管从表面来看多么合理，但大部分都源于无意识和直觉。

在某些特殊时刻，成人自我状态在选择对象的过程中，会凌驾于儿童自我状态之上。对于这一点，最典型的例子是已经学会利用社交消遣获利的保险推销员。

保险推销员在参与消遣的过程中，他的成人自我状态会刻意观察、筛选合适的人选，将他们作为进一步交往的对象。他做出选择的依据，并不是对方能否熟练地玩游戏，也非对方是否与自己性情相投。他做出选择的依据，基本都是外在因素，比如，对方的经济能力。

消遣还有一个非常特殊的特征，那就是排他性。例如"男人的话题"和"女人的话题"不能混合。沉浸在"曾经去过"的人会因为有人插嘴"这个多少钱"或"次日清晨"而心感不悦。

玩投射型"家长会"的人讨厌玩内射型"家长会"的人，他们不希望对方参与，尽管他们的反应通常没有对方那样强烈。

消遣不但形成选择与谁结识的基础，而且还有可能建立起友谊。一群家庭主妇每天早上聚在一起，一边喝着咖啡，一边抱怨"失职的丈夫"。这时如果有一个新搬来的邻居想换个话题，谈论"荷包蛋只煎一面"的习惯，那她们对新邻居的态度就会很敷衍。假如当她们在抱怨自己的丈夫有多糟糕时，新邻居却夸大其词，说自己的丈夫有多好，这会令她们感到不舒服，而且她们从心里不想让她继续待在这个场合。

所以，假如在一个鸡尾酒会上，某个人想从一个角落换到另一个角落，那么他必须加入新团体正在玩的消遣，否则他就要以一己之力将整个对话扭转到另一个消遣上。不过，一个优秀的聚会发起者会在此时掌控局面，比如，他可能会说："我们正在玩投射型的'家长会'，你有什么想说的观点吗？"或者，他可能会说："嘿，小姐太太们，你们已经聊了很久'衣橱'这个话题，J先生是一位作家／政治家／外科医生，或许他想要玩'妈妈你瞧，我不用手哦'，能给我们讲讲吗，J先生？"

消遣还有另一项重要的获益，即确认自己的角色，并稳固自己的心理地位。这里说的角色有点像荣格所说的人格面具（persona），只不过角色的机会主义成分更少，并且更深刻地隐藏在一个人的幻想中。所以，在投射型"家长会"消遣里，一个人可以扮演强硬的"父母"，第二个人可以扮演正直的"父母"，第三个人可以扮演纵容的"父母"，第四个人可以扮演提供帮助的"父母"。所有这四个角色都在经历和展现父母自我状态，但每个角色代表的是不同的自己。当某个角色占上风时，这个角色就得到了强化。这也意味着，这个人在扮演这个角色时，没有遭遇对抗或没有被对抗强化，或者得到了某些人的安抚和认可。

角色的确认能够稳固一个人的心理地位，这就是消遣的存在性获益。心理地位通常是人们发自内心的一句简单断言，但这个断言能够对人们之间所有的交互作用产生影响。从长远来看，心理地位决定一个人的命运，甚至能够决定其后代的命运。

心理地位从某种程度来看有些绝对化。产生投射型"家长会"的典型心理地位是"所有的小孩都是坏的""其他所有孩子都坏""所有的小孩都很可怜"和"所有的孩子都遭受了迫害"。这些心理地位会相应地引发强硬、正直、纵容和提供帮助的"父母"角色。事实上，心理地位主要表现为心理态度，人们会怀着这种心理态度与他人展开一系列的交互作用，从而构成其角色。

心理地位形成和固化的时期一般在 1 岁或 2 至 7 岁之间。在这个时期，孩子不可能具备足够的能力或经验做出重要的决定。通过观察一个人的心理地位，我们很容易推测出他的童年时期是怎样度过的。

除非发生某些变故或者人为干涉，否则人们穷其一生只会不断地强化他们已经形成的心理地位，并用各种方法去应对威胁他们心理地位的情境。他们可能会逃避、抵抗某些事情，或者有策略地操纵这些事情，将某种威胁转换为对自己心理地位的支持。

消遣如此刻板的原因之一在于它们为刻板的目的服务。而消遣带来的获益，说明了人们为什么会对它如此沉迷，也说明了为什么与具有建设性或善良心理地位的人一起消遣会如此轻松愉悦。

有时候，消遣和活动两者很难区分，它们经常同时出现。很多常见的消遣，例如"通用汽车"消遣，是由心理学家所说的"多项选择—句子填空"式的互动方式所构成。

A："和福特／雪佛兰／普利茅斯车相比，我更喜欢福特车／雪佛兰／普利茅斯，原因是……"

B："哦，好吧。比起福特／雪佛兰／普利茅斯，我更喜欢福特／雪佛兰／普利茅斯，原因是……"

显然，在这种固定的消遣过程中，实际上传递出一些有效的信息。

这里，我们有必要提到另外一些常见的消遣。比如"我也是"通常是"这难道不糟糕吗"的变体。"他们为什么不（对此做点什么）"是那些不愿从男权控制下解脱的家庭主妇们的最爱。"然后我们将会"是一种儿童自我状态—儿童自我状态形式的消遣。"让我们找（一些事情做）"是青少年罪犯或品行不端的成年人的消遣。

第五章 游戏

Games

1. 定义

　　游戏是一系列朝着一个明确且可预见的结局连续进行的互补式隐蔽沟通。从描述的角度来看，游戏是一系列重复发生的沟通，看上去合理，实际却暗藏动机。更通俗地说，游戏是一系列暗藏陷阱或"骗局"的行动。游戏与程序、仪式、消遣有明显的区别。这种区别主要体现在它的两个主要特点上：其一，游戏在本质上具有隐蔽性；其二，结局不同。程序可能是成功的，仪式可能是有效的，消遣可能是有利可图的。从定义上来说，这三者都是坦率的。尽管在这三者之间可能存在竞争，但不会产生冲突。虽然结局有可能轰动，但不会特别有戏剧性。相反，我们几乎可以说，每一种游戏都是不坦诚的，游戏的结局也往往具有戏剧性而不仅仅是令人兴奋。

　　还有一种社会行为，应当与游戏做一个概念上的区分，那就是"操作"（operation）。操作是指为了一个具体而公开的目标进行的一系列简单的沟通。如果一个人坦诚地向他人寻求安慰并如愿以偿，这就是一种操作。如果一个人向他人寻求安慰，如愿以偿后却通过某种方式给对方造成负面影响，那么这就是一个游戏。游戏看起来就像一系列的操作，但如果从结局来分析，其实游戏中的"操作"只是各种策略；它们并不是游戏者的真实需求，只是暗藏动机的行动。

例如，在"保险"游戏中，不管保险代理人表现出怎样的言行举止，其背后真正的目的就是为自己赚钱。如果他是个游戏高手，那么他就能赚得盆满钵满。这种现象同样适用于"房地产"游戏"睡衣"游戏和一些类似的职业中。因此，在某个社交场合，如果有销售人员参与消遣，尤其是当出现"资产负债表"的各种变体时，在销售人员热情的言行举止背后，极有可能隐藏着一系列熟练的策略，借此收集感兴趣的信息。

目前许多行业杂志正在试图改进商业贸易活动中的策略。这些杂志报道了许多卓越的游戏玩家和游戏。从沟通分析的角度来看，这些杂志不过是《体育画报》（*Sports Illustrated*）、《象棋世界》（*Chess World*）或其他体育杂志的翻版。

再来看角型沟通。角型沟通是个体为实现利益最大化，在成人自我状态下，有意识且精准设计的一种专业游戏。它是 20 世纪早期风靡一时的大型"诈骗游戏"，其细致的实际规划及熟练的心理学技巧，至今仍很难被超越 [1]。

我们关注的是，不知情的个体在未察觉的情况下进行复式沟通时玩的无意识游戏。这类无意识游戏是社交生活最重要的组成部分。该游戏具有动态的特点，所以很容易和静态的源自某一心理地位的态度区分。

在此，读者不应当误解"游戏"的概念。正如我在导言中所说，游戏并不意味着好玩或者有趣。例如，很多销售人员并不觉得他们的工作好玩。这一点在阿瑟·米勒的戏剧《推销员之死》（*Death of a Salesman*）中展露无遗。另外，游戏往往不乏严肃性，比如，足球游戏，如今已经被视为非常严肃的游戏，而像"酒鬼"这样的沟通游戏更应当被严肃地对待。

"玩"这个词也是如此。只要"玩"过激烈的扑克游戏，或者曾经长期"玩"股票的人，都知道"玩"这个词的严肃性。人类学家更是深知"游戏"和"玩"潜在的严肃性以及可能导致的严重结果。有史以来最复杂的游戏具备最致命的严肃性，就像司汤达在小说《帕尔马修道院》（*The Charterhouse of Parma*）中讲述的"朝臣"那样。此外，还有一种最残酷的游戏，就是"战争"。

2. 典型游戏

夫妻之间有一种最常见的游戏，通常称为"要不是因为你"。我们以这个游戏为例，来说明游戏的一般特点。

怀特夫人抱怨，她一直没学会跳舞，是因为丈夫严格约束她的社交活动。经过心理治疗后，怀特夫人的态度有所改变，怀特也因此变得不再自以为是，对妻子更加包容，支持妻子自由地扩展社交圈。怀特夫人报名参加了舞蹈班，但结果令她失望，她发现自己对舞池异常恐惧，因此不得不放弃该计划。

这次失败的尝试，还有很多其他类似的经历，其实都暴露出怀特夫人在婚姻中的一些重要方面。在挑选丈夫时，她在所有求婚者中选择了一个霸道专横的男人。因此，她就能处在抱怨者的位置上，说"要不是因为你"自己可以做更多的事情。很多女性朋友都和她一样，选择了独断专行的丈夫，这样当她们相聚共饮咖啡时，就能花大量时间玩"要不是因为他"的游戏。

然而，事实恰恰相反，丈夫扮演的角色，其实是在为她服务，即丈夫禁止她做让她感到恐惧的事情，甚至还防止她意识到自己的恐惧。这就是她的儿童自我状态选择这位丈夫的精明之处，从而更加合理地逃避那些令她感到害怕的事情。

事情远不止于此。丈夫的约束和她的抱怨常常会引发他们之间的争吵，因此他们的性生活也出现了问题。出于愧疚，丈夫经常给妻子买一些礼物。显然，如果丈夫给妻子更多的

自由，就不会频繁地给妻子送礼物了，礼物也没有那么贵重
了。除了家庭琐事和抚育孩子外，他们之间几乎没有任何共
同语言。当最普通的闲聊都无法进行时，吵架就成为非常重
要的事情。在怀特夫人的婚姻里，她证明了自己一直坚信的
一点：男人都是霸道蛮横的。这种想法可能来自她儿童时期
备受困扰的被虐待的幻想。

　　我们可以用很多方法来描述这个游戏。显然，它属于社
会动力学这一领域。其基本事实是，怀特先生和怀特夫人通过
婚姻获得了彼此沟通的机会。我们称这种机会为"社会联系"。
他们借这个机会，让家庭成为一个社会集合体。这不同于在地
铁里，在那里人与人之间只有空间上的联系，并没有建立起社
会联系，只能构成非社会性的集合体。

　　怀特夫妇对彼此行为及反应的影响构成了社会行为。不
同学科会从不同角度来探讨这种社会行为。因为我们在此关
注的是游戏参与者的个人经历和心理动力，所以我们使用的
方法属于社会精神病学的范畴。我们对所研究游戏的"健康
性"有一些隐性或显性的判断，这与社会学和社会心理学更
加中立、保持不介入的态度不同。精神病学保留了说"等一
下"的权利，而其他学科则不会这样。沟通分析是社会精神
病学的一个分支，游戏分析属于沟通分析的一项具体内容。

　　在实际应用中，游戏分析处理的是具体情境中的具体案

例。在理论上，游戏分析则试图归纳总结出不同游戏的基本特征，这样我们就可以脱离游戏的语言和文化背景，更轻松地对游戏进行识别。比如，当我们对"要不是因为你"这个婚姻游戏进行理论分析时，我们需要指出这个游戏的基本特征。不管这个游戏发生在新几内亚的丛林里，还是曼哈顿的高级公寓里，也不管游戏涉及的是婚宴还是因为其他原因导致的经济问题，不论行动是直接的，还是隐晦的，更不管游戏参与者的坦诚程度如何，我们都能轻易地辨别这个游戏。

　　游戏在某个社会的流行程度是社会学和人类学的研究内容。作为社会精神病学的一部分，游戏分析只对描述实际发生的游戏有兴趣，而不考虑其出现的频率。这种差异并不完全，但与公共卫生学和内科学之间的区别类似；无论是在热带雨林还是在曼哈顿，公共卫生学关注的都是疟疾的流行状况，而内科学则研究患疟疾的病例。

　　接下来，我们将给出目前进行游戏理论分析最有效的方案。毫无疑问，随着知识的不断积累，这一方案也将不断改进。首先，我们辨别出符合游戏判断标准的特定行动序列；接着，我们尽可能地搜集这个游戏的真实案例，并归纳这些案例的显著特点，以便发现游戏的本质特征；最后，我们需要为该游戏命名，并进行分类。命名的目的是在现有知识下，使游戏尽可能有意义和启发性。游戏分析是以游戏主角的视角进行的，在这个游戏中，主角是怀特夫人。

正题。即对游戏的总体描述，包含一系列连续发生的事件（社会层面），以及与这些事件有关的心理背景、发展及意义方面的信息（心理层面）。在"要不是因为你"（婚姻形态）游戏中，前面给出的详细信息非常有用。

反游戏。特定沟通序列是否构成游戏，是有待证实的假设。通过拒绝参与游戏，或者阻断游戏的结局，就能对其进行确认。当另一方试图拒绝或者阻断游戏时，游戏者会付出更多的努力，促使游戏继续进行；如果另一方坚持拒绝或者成功地阻断游戏后，那么游戏者会陷入绝望中。

这种绝望与抑郁有相似之处，但二者存在明显差异。绝望更为急迫，它包含受挫感与困惑。绝望可以通过突然流泪体现出来，如果身处良好的治疗情境中，绝望很快就可以被笑声驱散。也就是说，成人自我状态意识到："啊，我又这样了！"绝望是成人自我状态在担忧，而抑郁是儿童自我状态在操控心智。抑郁的反面是对环境抱有希望、满怀热情，对生活有强烈的兴趣，而绝望的反面是笑。

心理治疗中的游戏分析在本质上十分有趣。对抗"要不是因为你"游戏的方法是"允许"。只要丈夫继续禁止妻子，游戏就会继续进行。当丈夫把"你敢这么做试试"换成"去做吧"时，妻子隐藏的恐惧感就会暴露出来，她将无法把一切不敢做的事情归咎于丈夫。

想更好地理解一个游戏，就应该了解如何对抗这种游戏，并且在实际应用中发挥其作用。

目的。即简单陈述游戏的一般目的。有时游戏也可能包含多种目的。"要不是因为你"游戏的目的可能是寻求舒适——"不是我不敢做，是他不让我做"；也可能是为自己辩解——"不是我不想努力，而是他阻拦我"。这个游戏让妻子寻求安心的作用更明显，也与她的安全需求更为一致。因此，"要不是因为你"游戏的目的是寻求安心。

角色。正如前面所说，自我状态并非角色，而是现象。因此在游戏分析中，必须区分自我状态和角色这两个概念。我们可以根据游戏中角色的数量，将游戏分为双人游戏、三人游戏或者多人游戏。有时游戏者的自我状态与其角色一致，有时则不同。

"要不是因为你"是一个双人游戏。游戏要求有一个被约束的妻子和一个独断专行的丈夫。妻子扮演的角色可能处在谨慎的成人自我状态，想"最好按照他说的做"；也可能处在任性的儿童自我状态。丈夫可能一直处在成人自我状态，认为只有按照他说的做，才是最好的选择；也可能陷入父母自我状态，认为妻子必须听他的。

心理动力。每一种游戏背后的心理驱动力可能有多种选择，但我们往往只选择一种心理动力概念，从而有效、准确、切合实际地概括该游戏情境。就"要不是因为你"游戏来说，对其背后驱动力的最佳描述是源于恐惧。

范例。研究游戏的童年起源或者婴儿期原型很有意义。当我们对游戏进行正式描述时，有必要探索与之同源的事件。我们经常发现孩子们也会玩"要不是因为你"的游戏。这个游戏的儿童版本与成人版本一样，只是限制他们的并非丈夫，而是父母。

沟通模式。对游戏典型情境进行的沟通分析，包括社会层面，也包括揭露隐蔽沟通的心理层面。从社会层面来看，"要不是因为你"游戏最具戏剧化的情境是父母自我状态对儿童自我状态的沟通。

怀特先生："你必须待在家，照顾家庭。"
怀特夫人："要不是因为你，我可以在外面很开心地玩。"

他们在心理层面的沟通是另一个样子，是儿童自我状态对儿童自我状态的沟通，即隐蔽的婚姻交流。

怀特先生："我回家的时候你一定要在家，我害怕被抛弃。"

怀特夫人："如果你能帮我逃避那些恐惧的情境，我就待在家里。"

这两个层面的沟通请参考图7。

步骤。游戏中的每一个步骤都相当于仪式中的安抚。在任何游戏中，随着游戏次数的增多，游戏者对游戏步骤会越来越熟练，多余的步骤会被删减，每一步会包含更多的目的。游戏双方的"美好的友谊"往往建立在互惠互利、让双方以

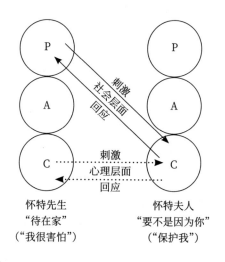

"要不是因为你"

图 7　游戏一则

最小的付出获得最大的回报的基础上。至于中间的某些防范性步骤、退让性步骤都可以省略，从而让这份关系保持优雅。

游戏双方可以节省在防御性策略方面的精力，从而使游戏从表面上看来更精彩。这样做不仅能使游戏双方皆大欢喜，就连旁观者也能从中获得乐趣。在游戏过程中，有一些步骤是必不可少的，这些步骤构成了游戏的草案。游戏者会依据自身的需求、能力或者愿望对这些基本步骤进行补充润色。

"要不是因为你"游戏的基本步骤如下。

（1）命令——服从（"你必须待在家里"——"好的"）。

（2）命令——反抗（"你得继续待在家里"——"要不是因为你"）。

获益。游戏的一般获益在于它的稳定功能。安抚帮助游戏者维持了生理上的平衡，而游戏中对心理地位的确认，则进一步加强了心理的内在平衡。如前文所述，安抚有多种形式，因此游戏的生理性获益可以用触觉类的语言来描述。比如"要不是因为你"游戏中，丈夫就好比反手给了妻子一记耳光（这与正面打一巴掌不同，正面打巴掌是一种直接的羞辱），而妻子的反应则像在丈夫的小腿上狠狠地踹了一脚。所以"要不是因为你"游戏的生理性获益来源于游戏双方的好斗性与易怒性之间的交换，这是一种虽然痛苦但效果显著的维持神经组织健康的方法。

在这个游戏中，妻子的心理地位得到确认，她更确信所有男人都是蛮横霸道的，这是一种存在性获益。这种心理地位是屈服于内在恐惧的反应："如果我一个人待在外面，身处人群中，我肯定难以忍受，我会遭受屈服的诱惑，并且最终屈服；如果我待在家里，就不会屈服，丈夫的强迫表示所有的男人都是蛮横霸道的。"

因此，玩这个游戏的人往往是拥有非现实感的妇女。在外界强烈的诱惑下，她们很难一直保持成人自我状态。对于这个机制的具体解释属于精神分析的范畴。在游戏分析中，我们重点关注这种机制造成的结果。

游戏的内在心理获益是指它对心理经济（力比多）的直接影响。在"要不是因为你"游戏中，对丈夫蛮横霸道的屈服，能让妻子避免体验神经质的恐惧。同时它也满足了妻子的受虐需求（假如妻子存在这种需求）。这里说的受虐并不是指自我克制，而是指其经典含义，即在被剥削、羞辱、伤痛时感受到的性兴奋。换言之，妻子因为被剥削和被控制而感到兴奋。

游戏的外在心理获益是通过玩游戏回避自己害怕的情景。在"要不是因为你"游戏中，这种现象特别明显，这也是这个游戏的主要动机：借由对丈夫控制的顺从，妻子得以回避令她恐惧的社交场合。

内在社交获益是在亲密关系中通过玩游戏而获得的。妻子通过屈服，得到说"要不是因为你"的特权。这个特权有助于她将必须和丈夫共处的时间结构化。由于怀特夫人与怀特先生之间原本缺少共同的兴趣，尤其是在有孩子之前或者孩子成人以后，这种对时间进行结构化的需求会更加显著。在孩子出生后到孩子成年之前的阶段，该游戏不会深入地进行，频率也不会很高。因为在这个阶段孩子会结构化父母的时间，而且提供了"要不是因为你"游戏更受欢迎的版本，那就是"忙碌的家庭主妇"。即便年轻妈妈们确实忙碌，但也不能改变对此游戏的分析。游戏分析只是在公正地回答这个问题：对于一个忙碌的家庭主妇来说，她如何利用忙碌来获取报偿？

外在社交获益是游戏者在外在社交中对游戏的利用。这个游戏里，妻子向丈夫抱怨的是"要不是因为你"。但第二天早上当她和朋友一起喝咖啡时，会将其转变为"要不是因为他"的消遣。这再次彰显了游戏对于选择社交伙伴的作用。

新来的邻居受邀来和大家一起喝茶，其实是受邀一起玩"要不是因为他"的游戏，如果邻居同意玩这个游戏，那么不出意外的话，邻居很快会融入这个圈子；如果邻居拒绝参与这个游戏，并对丈夫抱一种宽容的态度，那么她就很难在这个圈子里立足。如同在鸡尾酒会上拒绝喝酒一样，她的名字将慢慢被从客人名单中删除。

以上就是对"要不是因为你"游戏的主要特征进行的完整分析。如果想进一步了解其过程，可以参照对"你为什么不？——是的，但是"这个游戏的分析。这是全世界各种社交聚会、团体会议和心理治疗团体中最常见的游戏。

▎ 3. 游戏的起源

人们普遍认为，养育孩子是一个教育的过程。在这个过程中，孩子学会了玩什么游戏以及怎样玩游戏。同样，孩子也学会了与其生活环境和社会地位相匹配的程序、仪式和消遣。不过，与游戏相比，这些程序、仪式和消遣并没有那么重要。在其他条件相同的情况下，一个人在程序、仪式和消遣方面的知识与技能决定了他可以获得哪些机会，而他玩的游戏决定了他将如何利用这些机会，以及会获得的结果。

游戏作为人生脚本，或无意识人生计划的一部分，在其他条件不变的情况下，一个人最喜欢玩的游戏决定了他的命运，即他婚姻、事业的结局及他死亡时的场景。

尽职尽责的父母把大量的精力放在教导孩子与其生活地位相匹配的程序、仪式和消遣上，并谨慎地为孩子挑选小学、中学、大学与教堂，以强化这些教导，但他们往往会忽略游戏的问题。然而，游戏是组成每个家庭情感动力的基础结构，孩子出生后就从重要的生活经验里学习。

千百年来，人们使用宽泛而不系统的方式讨论相关问题。现代行为精神病学的文献曾试图用更为系统的方式来讨论该问题。可是如果没有游戏的概念，我们就无法进行后续的研究。迄今为止，个体内在心理动力学的理论仍不能尽如人意地解决人类关系问题。我们需要一种社会动力学理论，这种理论不能仅从对个体动机的考量中获得。

因为目前缺乏接受过良好游戏分析训练的儿童心理学家和儿童精神病学专家，所以针对游戏起源的研究并不多。幸运的是，下述场景恰恰发生在一位训练有素的沟通分析师身边。

7岁的哥哥坦吉在进餐时感觉胃疼，于是请求离席。父母让他去躺一会儿。这时，3岁的弟弟迈克也说胃疼。显然，迈克也试图通过这种方式获得父母的关注。父亲看了迈克几秒钟，对他说："你其实不想玩这个游戏，对吧？"然后迈克突然笑了起来，说："对！"

假如在信奉养生或者对肠胃问题较敏感的家庭，紧张的父母也会让迈克去躺着休息。如果迈克与父母之间多次重复这种互动，我们可以预见，这种游戏将成为迈克性格中的一部分。只要父母一直配合他，游戏就会经常发生。这样一来，不管在什么情况下，迈克嫉妒某个竞争者的特权，就会拿生病当借口，为自己谋求特殊待遇。这种隐蔽沟通包括："我觉得身体不舒服"（社会层面）和"你要给我特殊待遇"（心理层面）。最终，迈克得以幸免这种病态的生活。因为他的父亲当场提问，迈克也坦然承认自己在玩游戏，一个游戏便就此结束了。

这一案例已经充分表明，游戏往往是年幼的儿童有意发起的。当游戏发展为固定的刺激—回应模式后，游戏的源头就渐渐被隐藏了，而其隐藏的特征也被层层的社交迷雾所掩盖。只有通过恰当的程序，二者才能被重新觉察。这里所说的程序，就是通过某种形式的分析治疗探索游戏的源头，通过反游戏来揭示游戏隐藏的特征。大量临床经验反复证明：从本质上说，游戏是模仿性的。游戏最初是由儿童人格里的成人自我状态建立的。当成年游戏者重新激活他的儿童自我状态时，他这方面的心理天赋会非常惊人，其操纵他人的能力也令人瞠目结舌，因此我们将儿童自我状态中的成人自我状态部分称为"教授"。

在专注于游戏分析的心理治疗团体中，最复杂的程序之一就是探索每个患者心中的"小教授"。除非是悲剧性的游戏，否则在场的每个人都会在迷人、快乐甚至欢闹的氛围里倾听每位患者的"小教授"在 2~8 岁时创建游戏的神奇经历。患者本人也会抱着合理的自我欣赏的态度参与其中。如果患者能够做到这一点，他就有可能放下那些不幸的行为模式，从而拥有更好的生活。

以上就是我们为什么总在游戏的正式描述中，尝试探讨其婴儿期或儿童期的原型。

▌ 4. 游戏的功能

在日常生活中，人们获得亲密的机会很少，而且大部分人无法在心理上实现某种形式的亲密，尤其是强烈的亲密，因此，人们在社交生活中将大量时间用于玩游戏。所以游戏既是必要的，也是值得的。唯一的问题是一个人玩的游戏是否能给他带来最佳获益。

我们应该记住，游戏的本质特征在于它的高潮或结局。最初的步骤，主要是为游戏的结局铺设情境。但是，游戏的次级功能是每一步获得最大化满足。

因此"笨手笨脚的人"这个游戏的结局以及游戏的目的，就是通过制造混乱，然后道歉，从而迫使他人原谅自己（详见第八章）。不小心把酒洒出来，接着又不小心用烟头烧坏桌布，所有这些过失都是结局前的步骤，而每个过失本身也能给游戏者带来快感，但这并不会使酒酒成为游戏。道歉才是通向结局的重要刺激。如果没有道歉，酒酒只是一种可能带来愉悦的破坏性程序。

"酒鬼"游戏也是如此。不管饮酒的生理根源是什么，但从游戏分析的角度来看，饮酒只不过是与周围的人游戏的一个步骤。饮酒本身可以带来愉悦，但它并非这个游戏的本质。这一点在"酒鬼"游戏的变体"不喝酒的酒鬼"中可以体现出来。"不喝酒的酒鬼"也包含与常规版本一样的步骤，并且导致同样的结局，但玩这个游戏的人并不喝酒（详见第六章）。

游戏不仅具有令人满意的结构化时间的社交功能，而且是某些个体维持健康不可或缺的方式。这些个体的心理稳定性较差，心理地位十分不确定，以至如果不让这些人玩游戏，他们就会陷入一种不可逆转的绝望甚至精神疾病中。这种人会非常坚决地对抗他人任何反游戏的行为。这一点经常在婚姻关系中出现，伴侣中一方的精神状况得到改善，会导致另一方的精神状况急速恶化。因为对于后者而言，与伴侣的游戏是维系两个人关系平衡的关键。由于这个原因，游戏分析应当谨慎地进行。

幸运的是，如果放弃游戏，人们将获得"亲密"的奖赏，即拥有真正的亲密关系。这是——也应该是——人类生活最完美的形式。亲密关系如此美好，如果遇到合适的伴侣，建立更好的关系，即便具有最不稳定人格的个体，也能够安全而愉悦地放弃他们的游戏。

从更广泛的角度来看，游戏是每个人无意识的人生计划或脚本中必要且具有推动作用的部分。游戏的作用是填补脚本最终结局到来之前的时间，并加快剧本最后一幕的到来。人们想要的脚本的最后一幕，或是个奇迹，或是个灾难，它取决于脚本是建设性的还是破坏性的。因此，相应的游戏，或者是建设性的，或者是破坏性的。通常，如果一个人的脚本是"等待圣诞老人降临"，那么他很可能会在诸如"哇，你真了不起，穆加特罗伊德先生！"的游戏中与人相处愉快。如果他拿着类似"等待死神降临"的悲剧性脚本，那么他玩的游戏就没有那么令人愉悦了，比如玩"我可逮到你了，你这个混蛋"的游戏。

值得注意的是，像上述这些口语化的句子，也是游戏分析中必要的一部分。在各种分析团体治疗和研讨会上，经常使用这些口语化的表达。"等待死神降临"这个表达，来源于某位患者的一个梦，患者决定在死前做一些事情。

还有一位患者，他在高级治疗团体中，指出治疗师忽略的一个问题：实际上，"等待圣诞老人降临"和"等待死神降临"是等同的。口语化的表达在游戏分析中具有重要作用，我们之后会对此进行探讨。

5. 游戏的分类

我们已经提到许多用来分析游戏和消遣的因素。这些因素中，任何一个都可用于对消遣和游戏进行系统的分类。一些更明显的分类基于以下因素。

（1）游戏者的人数：双人游戏（"性冷淡的女人"）、三人游戏（"你来和他斗吧"）、五人游戏（"酒鬼"）和多人游戏（"你为什么不——是的，但是"）。

（2）游戏使用的媒介：语言（"精神病学"）、金钱（"欠债者"）、身体部位（"多次手术"）。

（3）临床类型：歇斯底里型*（"挑逗"）、强迫型（"笨手笨脚的人"）、偏执型（"为什么这种事总发生在我身上"）、抑郁型（"我又这样了"）。

（4）区域：口腔（"酒鬼"）、肛门（"笨手笨脚的人"）、生殖器（"你来和他斗吧"）。

（5）心理动力：对抗恐惧（"要不是因为你"）、投射（"家长会"）、内射（"精神病学"）。

---

* 也称为"表演型"。

（6）本能驱力：受虐（"要不是因为你"）、施虐（"笨手笨脚的人"）、恋物癖（"性冷淡的人"）。

除了游戏者的数量，还有三个可量化的因素要考虑。

（1）灵活性。有些游戏，如"欠债者"和"多次手术"，只适合采用一种媒介。而其他的游戏，比如"暴露癖"，则更具灵活性。

（2）韧性。有些人会轻易放弃他们的游戏，有些人则很坚持。

（3）强度。有些人以一种放松的方式来玩游戏，有些人玩游戏的时候则更紧张、更有攻击性。所以，游戏也存在轻松与激烈不同的强度。

这三个变量共同决定了游戏是温和的还是粗暴的。精神失常的人在这方面往往有明显的渐进层次，因此可以说游戏是分阶段的。比如，偏执型精神分裂症患者刚开始玩的可能是一个灵活、松散而轻松的第一阶段的游戏"这难道不糟糕吗"，然后逐渐转化为僵化、固执而激烈的第三阶段游戏。

游戏的阶段可通过以下方式来区分。

（1）第一级游戏（First-Degree Game）：能在游戏者的社交圈中谈论，并被社会接纳。

（2）第二级游戏（Second-Degree Game）：不会造成不可逆的永久性损害，但游戏者也不愿意公之于众。

（3）第三级游戏（Third-Degree Game）：游戏者会永远玩下去，游戏结束于手术室、法庭或太平间。

此外，游戏还可以根据在"要不是因为你"游戏分析中讨论过的任一其他因素来分类，如目的、角色、最显著的获益等。

进行系统而科学的分类，最有可能基于心理地位这一因素：由于我们对这个因素的认知尚不充分，所以仍需关注这种分类后续的发展。由于无法基于心理地位来分类，所以目前最实际的分类方法是基于社会学进行分类。本书第二部分使用的就是这种分类法。

注释

史蒂芬·波特（Stephen Potter）对日常社交情境中的操纵或"伎俩"有富有洞见且幽默的讨论 [2]。米德（G. H. Mead）对游戏在社交生活中的作用进行了开拓性研究 [3]。荣誉应归于他们。旧金山社会精神病学研究会自 1958 年开始对那些导致精神障碍的游戏开展了系统的研究，萨斯（T. Szasz）目前已对游戏分析这一领域进行了探讨 [4]。若想了解游戏在团体过程中的作用，可参考我关于团体动力学的著作 [5]。

PART

II

A Thesaurus of Games

游戏汇编

引言

Introduction

在这部分，我们收集了到目前为止（1962年）发现的游戏。当然，仍有其他新的游戏在不断被发现。有的游戏看似是旧游戏的另一个例子，但如果我们仔细研究，就会发现这个是全新的游戏。然而，还有一些游戏看似是全新的，实际上却是旧游戏的变体。

游戏分析中的个别项目，有可能随着新知识的积累而发生改变。比如，当我们描述某个游戏的心理动力时，可能存在多种选择。本书讲述的未必是最具有说服力的，不过本部分列出的游戏清单及游戏分析中的各种描述，对临床工作来说已经足够。

在这部分，我们对某些游戏进行了完整而全面的分析，但对一些不常见，或需要进一步研究，或特征已经相当明显的游戏，我们仅做了简要论述。在本书中，游戏里的"他"往往是指游戏的主角，即游戏的发起者，我们可以称之为"怀特"（White）。而游戏的另一方，则被称为"布莱克"（Black）。

根据最经常出现的场合，我们将这些游戏分为：生活游戏、婚姻游戏、聚会游戏、性游戏、黑社会游戏；接下来是针对专业人员的咨询室游戏；最后是一些好游戏的案例。

1. 游戏的解说

我们将按照以下顺序做游戏分析。

标题：如果游戏的名字太长，为方便起见，正文使用简称。在做口头报告时，尽量使用游戏的全称。

正题：尽量客观贴切地重述该游戏。

目的：根据本书作者的经验，给出最有意义的选择。

角色：先列出游戏主角"他"以及讨论的视角。

心理动力：同目的。

范例：（1）给出儿童时期玩该游戏的一个实例，是最容易识别的相关游戏原型；（2）成年人生活中该游戏的一个实例。

沟通模式：尽量简洁清晰地阐明关键沟通，或在社会层面与心理层面的沟通。

步骤：提供实践中发现的最小数量的沟通刺激及沟通回应。这些步骤可以根据不同的情境而被无限扩展、淡化或装饰。

获益:(1)内在心理获益:说明游戏如何有助于维持内在心理稳定性;(2)外在心理获益:说明游戏可以回避何种引发焦虑的情境或亲密关系;(3)内在社交获益:说明游戏在亲密关系中出现时,采用的典型措辞;(4)外在社交获益:说明在一般关系中玩衍生游戏或消遣时,使用的关键性措辞;(5)生理性获益:试图描述游戏为游戏者提供了何种类型的安抚;(6)存在性获益:说明游戏者在游戏时,基于怎样的心理地位。

相关游戏:提供与该游戏互补、类似及对立的其他游戏。

只有在心理治疗的情境下,才能真正理解游戏。在接受心理治疗的人中,更多人倾向于玩破坏性游戏,而不是建设性游戏。因此,我们深入研究、全面了解的游戏,往往是破坏性游戏。不过读者们也应当明白,相对幸运的人也会玩建设性游戏。

为了避免游戏这个概念像许多精神病学术语那样被庸俗化,我们有必要再次强调,游戏是一个非常精准的概念:游戏应该依据前述标准清晰地与程序、仪式、消遣、操纵、策略以及基于不同心理地位而产生的态度区分开。人们玩游戏,是基于某种心理地位,但心理地位及相应的态度,并不是游戏。

▎2. 通俗化表达

本书中出现的通俗化表达，都源自患者的口述。在使用时如果考虑时机和敏感性，这些通俗化表达更易被游戏者理解。表达也许看似无礼，但这些讽刺针对的是游戏本身，而非游戏者。

对于游戏的通俗化表达来说，最重要的一点就是生动。如果读者一看就忍俊不禁，那正是因为这种表达一针见血。

我曾在其他场合谈过通俗化表达不可撼动的地位：有时候，我用整整一页引经据典试图传达的含义，可能比不上说一句"某个女人是个悍妇"或"某个男人是混蛋"[1]。

出于学术目的，我们可以用学术语言来阐述心理学原理。但在实践中，为了有效识别情感挣扎，我们会采用其他方法。通俗化表达，更具有心理动力学意义，也更精准、真实。

因此，我们更喜欢玩"这难道不糟糕吗"，而不是"说说投射的肛门期攻击"。前者不仅更有心理动力学意义和影响，事实上也更加精确。有时，人们在明亮愉快的房间里比在单调乏味的房间里康复得更快。

第六章 生活游戏

Life Games

在一般社交情境下，所有游戏对游戏者的命运都有重要甚至决定性的影响，一部分游戏能给人的终身职业提供更多的机会，也更容易牵连相对无辜的旁观者。为方便起见，我们将这组游戏命名为生活游戏。

生活游戏包括"酒鬼""欠债者""来踢我""我可逮到你了，你这个混蛋""看你都让我做了些什么"以及这些游戏的主要变体。生活游戏既可以和婚姻游戏相结合，也可以与黑社会游戏相结合。

1."酒鬼"

正题。在游戏分析中，不存在"酗酒"或者"酗酒者"的说法，但在某类游戏中有个被称为"酒鬼"的角色。

如果过度饮酒的原动力是体内生化或生理异常（这还有待商榷），那么它属于内科领域。游戏分析感兴趣的是一些完全不同的东西——与过度饮酒相关的社交沟通，于是便有了"酒鬼"游戏。

"酒鬼"是一个五人游戏，不过游戏的角色可以缩减，在开始与结束时可以是两个人。这个游戏的核心角色是"酒鬼"，我们称之为"他"，由怀特扮演。主要配角是"迫害者"，一般由某位异性扮演，通常是配偶。第三个角色是"拯救者"，通常由某位同性扮演，往往是家庭医生，他对患者及酗酒问题感兴趣。最常见的情况是，医生成功地将"酒鬼"从恶习中解救出来。在怀特成功戒酒半年之后，他们相互庆祝。可不久后，人们发现怀特再次酩酊大醉。

第四个角色是"容易受骗的人"或"傻瓜"。一般情况下，在文学作品中，这个角色往往由心地善良的熟食店老板扮演，他愿意借钱给怀特，还免费送他一块三明治和一杯咖啡。他不试图迫害怀特，也不会拯救他。在现实生活中，扮演这个角色的往往是怀特的母亲。她一直给他钱，因为母亲同情怀特有个不理解他的妻子。

在"酒鬼"游戏中，怀特会想尽各种办法，巧舌如簧地从母亲那里求得金钱支持——双方都假装相信某件事，尽管他们对这笔钱的大部分去处心知肚明。

有时候"容易受骗的人"也会转换为另一个角色。这个角色并非必要，不过对游戏也起一些作用。这个角色叫作

"鼓动者"。鼓动者就是扮演一个引诱的角色。即便怀特没有开口说要喝酒，鼓动者也会主动邀约，让怀特陪他喝几杯，随后怀特更容易堕落。

在"酒鬼"游戏中，第五个角色是辅助性职业人士——调酒师或酒吧招待人员，我们将这个角色称为"酒贩子"。酒贩子不仅供应酒，而且最懂得"酒鬼"的心思。在某种程度上，他们是成瘾者生活中最有意义的人。"酒贩子"与其他玩家的区别就像职业选手和业余选手之间的区别：职业选手知道什么时候该停止。一个好的酒吧招待人员会在某一刻拒绝为"酒鬼"服务，然后"酒鬼"只好意犹未尽地离开，除非他能找到一个更纵容他的"酒贩子"。

在"酒鬼"游戏的初始阶段，"酒鬼"的妻子可能扮演三个角色：在深夜，妻子扮演"容易受骗的人"，无私而温柔地照顾"酒鬼"，为他脱衣服，煮解酒的咖啡，默默忍受"酒鬼"撒酒疯；到了早晨，妻子是"迫害者"，不停地指责"酒鬼"醉酒后的恶行；到了傍晚，妻子又成了"拯救者"，循循善诱、苦口婆心地劝他不要再喝酒，希望他痛改前非。在游戏的后续阶段，"酒鬼"怀特可能会因为身体恶化，离开"迫害者"和"拯救者"，除非他们为他提供酒。怀特会前往救济机构或者其他地方寻求拯救，只要能够解决温饱问题，他愿意忍受业余人士或职业人士的责骂。

目前的经验表明，大部分研究者都忽略了"酒鬼"在"酒鬼"游戏中获益的真正来源。通过对游戏进行分析，我们认为，饮酒本身不过是附加的乐趣，它是额外获益，真正的游戏高潮是宿醉。

在"笨手笨脚的人"游戏中也是如此：怀特制造最易引起关注的混乱，他的真正目的是把"笨手笨脚的人"这个游戏推向关键结局——最终获得布莱克的原谅。

对"酒鬼"来说，宿醉与其说是身体上的痛苦，不如说是心理上的折磨。"酒鬼"最喜欢两种消遣方式——"马提尼酒"（喝了多少，是怎么混合的）和"次日清晨"（让我告诉你我的宿醉）。"马提尼酒"的大部分玩家是社交性饮酒；许多酗酒者喜欢在心理层面玩"次日清晨"，像匿名戒酒互助会这样的组织为他们进行消遣提供了很多机会。

怀特每次宿醉后，都会在精神科医生面前用各种语言责骂自己，精神科医生什么也没说。然后怀特会在戒酒组织的团体治疗中再次讲述自己向精神科医生咨询的过程，并颇为得意地说精神科医生就是这样指责自己的。

"酒鬼"们在治疗中最喜欢谈论的，并非他们的饮酒行为（显然，他们说自己是为了尊重迫害他们的人才喝的），而是自己饮酒后的痛苦。饮酒除了带来乐趣外，还会创造一种情境：让"酒鬼"的儿童自我状态不仅受到内在父母自我状态的严厉责骂，还会在外在环境里受到父母式人物的苛责，如果这些父母式人物有足够的兴趣提供帮助。因此，这个游戏的治疗不应集中在饮酒上，而应集中在第二天早上自我放纵后的自我谴责。然而，还有一种重度酗酒者，并没有宿醉反应，他们不属于这里讨论的类型。

还有一种游戏，叫作"不喝酒的酒鬼"。在这个游戏中，怀特不喝酒，但会经历财务或社交恶化的过程，其中的行动步骤和所需配角与"酒鬼"完全相同。同样，次日清晨是关键所在。

这些"不喝酒的酒鬼"与"酒鬼"相似，这一点正说明两者都是游戏。例如，从两个游戏中解脱出来的程序是一样的。"吸毒者"与"酒鬼"有相似的游戏程序，但更具灾难性，更戏剧化，发展更为迅速。在"吸毒者"游戏里，更容易依赖"迫害者"，而"容易受骗的人"和"拯救者"数量很少，"毒品贩子"对成瘾者来说，扮演着很重要的角色。

"酒鬼"游戏与各种机构密切相关，有些机构是全国性的，甚至是国际性的，其他则是地方性机构。其中很多机构都曾发布"酒鬼"游戏规则，几乎所有机构都事无巨细地讲述了如何扮演"酒鬼"这个角色，比如餐前先饮一杯酒，用家里的钱来酗酒，等等。

这些机构还解释了"拯救者"的作用。例如，匿名戒酒互助会会不断诱导"酒鬼"扮演"拯救者"的角色，请他们加入团体，因为他们知道这个游戏的精髓所在，比从未扮演过配角的人更有资格扮演。据报道，戒酒互助会里已经成功戒酒的成员很快又重新饮酒，因为没有需要拯救的人，那么这个游戏就无法继续[1]。

也有一些组织试图调整"酒鬼"游戏中其他人扮演的角色。有些人向"酒鬼"的配偶施加压力，要求他们从"迫害者"转换为"拯救者"。似乎最接近理论理想的治疗方法是治疗酗酒者的青少年后代；鼓励这些年轻人摆脱这个游戏，而非转换角色。

对酗酒者进行心理治疗的关键在于，让他彻底停止这个游戏，而不是简单地从一个角色转换为另一个角色。在某些情况下，这是可行的，尽管找到像饮酒那样有趣的事情并不容易。原因在于，"酒鬼"恐惧亲密关系，所以替代方式可能是另一种游戏，而不是一段没有游戏的社交关系。

通常，所谓被治愈的"酒鬼"并不能建立令其兴奋的社交关系，他们往往感觉生活枯燥乏味，因此他们总想重新去玩游戏。真正的游戏治愈的标准是这些人可以在社交场合适当饮酒，但不会让自己陷入酒瘾中。通常的"完全戒酒"式治愈疗法并不能让游戏分析师满意。

通过上述关于游戏的描述，我们不难发现，"拯救者"很容易陷入"我只是想帮你"游戏，"迫害者"则习惯玩"看你对我做了什么"游戏，"容易受骗的人"更愿意扮演"老好人"的角色。

随着救助组织的兴起，他们宣传酒精成瘾是一种疾病的理念，开始扮演"拯救者"，将"酒鬼"视为需要拯救的病人。因此，"酒鬼"们被教导玩"木头腿"游戏。

什么是"木头腿"游戏呢？简而言之，就是他们鼓励"酒鬼"转换思想，放弃"我是个罪人"的想法，转而相信"你还指望一个病人做什么呢？"。从存在主义角度来看，这种观点令人质疑；从现实角度而言，这种观点对酒的销量几乎不会产生影响。然而，对大多数人而言，加入匿名戒酒互助会仍然是治疗过度饮酒的良好开端。

反游戏。众所周知，"酒鬼"游戏是一个玩得辛苦且难以戒除的游戏。举个例子，有一个女"酒鬼"，她几乎从来不参与团体治疗，直到她认为足够了解其他团体成员，能继续玩自己的游戏了。

女"酒鬼"提出让团体成员谈谈对她的看法。因为她看上去和善，所以很多团体成员都给予她正面的评价。但她对此并不满意，说"这不是我想听的，我想知道你们的真实想法"。她明确提出自己需要的是斥责而非鼓励，但团体成员不想伤害她。于是她回到家后，对丈夫说："如果我再酗酒，你要么和我离婚，要么把我送进医院。"丈夫依她所言，在她酗酒后把她送进了医院。

她为什么要这么做呢？因为在团体治疗中，她找不到一个愿意扮演"迫害者"角色的人，她希望被斥责的需求无法得到满足。尽管每个人都在强化她已经获得的洞察力，但她仍无法忍受这种反游戏的做法。于是她回到家里，找到愿意扮演"迫害者"角色的丈夫，从而继续进行"酒鬼"游戏。

然而，在其他情况下，患者似乎已经准备好放弃"酒鬼"游戏，并且尝试融入社会，此时治疗师应当拒绝扮演任何"迫害者"或者"拯救者"的角色。如果治疗师扮演"容易受骗的人"的角色，允许患者不按照约定付费，或者不按照约定时间去见治疗师，那么同样不会取得治疗效果。

从沟通分析的角度来看，正确的治疗程序是：在做好基础的评估后，采用合约式的沟通，让患者以成人自我状态承担责任。治疗师拒绝扮演任何角色，并且要求患者完全戒酒，乃至放弃游戏。如果患者做不到，那么治疗师最好将他转介给一位"拯救者"。

反游戏的实施非常困难，因为在大多数西方国家，都将酗酒者视为谴责、关注或者施舍的对象。拒绝扮演任何角色，可能会引起公愤。理性的治疗方法可能比"酒鬼"更让人担忧，有时会给治疗带来不幸的后果。

在临床工作中，如果工作人员对"酒鬼"游戏非常感兴趣，并且试图通过制止这个游戏，让患者得到真正的治愈而非"拯救"，那么他们将承担巨大的社会压力，且会受到其他临床机构的排挤，再也不会获邀帮助治疗这些患者。

相关游戏。在"酒鬼"游戏中，经常夹杂着一种表演，叫作"来一杯"，是由一位敏锐的工业精神病学学生发现的。我们假设有一对怀特夫妇，怀特夫人并不饮酒，她在"酒鬼"游戏中扮演"迫害者"的角色。还有一对布莱克夫妇，他们在这个游戏中扮演"容易受骗的人"的角色。他们四个人一起去野餐，怀特先生对布莱克先生说："来一杯吧！"如果他真的喝了一杯，那就相当于许可怀特喝四五杯。但如果布莱克先生拒绝了，怀特会感觉受到了侮辱，那么下次去野餐，怀特先生可能就会寻找更配合的伙伴。

从社会层面来说，这是一种成人自我状态的慷慨邀请，但就心理层面而言，则是一种儿童自我状态的无礼行为。怀特先生的儿童自我状态，借由敬酒这个行为，在寻求布莱克先生父母自我状态的纵容，而怀特夫人无力抗议。

实际上，正是作为"迫害者"的怀特夫人无力抗议，才默许了整个过程，因为她和"酒鬼"怀特先生一样，希望游戏能够继续。我们不难想到野餐第二天早晨会发生什么：怀特夫人一定会指责丈夫。如果怀特是布莱克的老板，这个变体的情况可能会更复杂。

　　总的来说，"容易受骗的人"并非真正糊涂，他们往往只是孤独寂寞而已。他们通过对"酒鬼"好，来获得额外的好处。当"老好人"可以结交很多朋友，在社交场合很受欢迎，他不仅慷慨，而且善于讲故事。

　　我们顺便讲一下，"老好人"游戏的变体就是"到处询问如何帮助他人"，这是一种有趣而具有建设性的游戏，值得鼓励。与"老好人"游戏相反的是"硬汉"游戏，即使用暴力或者寻求方法伤害他人。虽然"硬汉"游戏的游戏者不会蓄意实施真正的伤害，但是他们会结识真正暴力的硬汉，并因此享受这些硬汉的"荣耀"。这种类型的人被法国人称为"恶俗的吹嘘者"。

游戏分析

正题：我很糟糕，看看你能不能阻止我。

目的：自我谴责。

角色：酒鬼、迫害者、拯救者、容易受骗的人、酒贩子。

心理动力：口欲剥夺。

范例：（1）"看你能不能抓住我。"由于这个游戏的复杂性，很难找到它的原型。但这个游戏多见于儿童，尤其是酗酒者的孩

子，他们常常会耍酗酒者擅长的策略。"看看你能不能阻止我"，
涉及撒谎、藏匿、寻求负面评价、寻找乐于助人的人及乐善好
施的邻居等。自责往往会更晚出现。（2）酗酒者及其社交圈。

社会层面的沟通：成人自我状态—成人自我状态。

成人自我状态："说出你对我的真实评价，或者帮助我戒除酒瘾。"

成人自我状态："我会坦诚告诉你。"

心理层面的沟通：父母自我状态—儿童自我状态。

儿童自我状态："你有本事就阻止我。"

父母自我状态："你必须戒酒，不然……"

步骤：（1）激怒—指责或原谅；（2）酗酒—愤怒或失望。

获益：（1）内在心理获益——①作为程序的正常饮酒：反叛、
求得安慰和满足渴望；②"酒鬼"游戏：自我谴责。（2）外
在心理获益——得以回避性或其他形式的亲密关系。（3）内在
社交获益——看你能不能阻止我。（4）外在社交获益——"次
日清晨""马提尼酒"和其他消遣。（5）生理性获益——爱恨
交织。（6）存在性获益——"每个人都想剥夺我的权利"。

2."欠债者"

正题。"欠债者"不仅是一种游戏，而且是很多美国人对
自己的人生计划，是他们为自己的人生设定的脚本，如同在

非洲和新几内亚丛林里生活的人一样 [2]。在那里，一位年轻人的亲戚斥巨资给他买了一位新娘，在未来的数年中，他要背负巨额的债务。现在也存在这种现象，只不过年轻人负债并非因为新娘，而是为了购置房产。他们借贷的对象也不是亲戚，而是银行。

新几内亚的年轻人会在耳朵上挂一块旧手表以确保成功，美国的年轻人则在手腕上戴一块新手表确保成功，他们觉得自己的生活有了动力和目标。他们庆祝婚礼和乔迁的时候，恰恰是他们背上债务的时候。例如，电视媒体宣扬的不是还清贷款的中年人，而是与家人搬入新居、自豪地挥舞着刚刚签好的合同的年轻人。他们未来的生活是可以预见的：这个年轻人在人生最好的几十年，都要偿还房贷。等他历经几十年的艰苦生活，终于还清了房贷、孩子上大学的费用、保险费用后，他会被视为麻烦。社会除了要为他提供物质条件，还要为他提供一个新"目标"。在新几内亚，如果他非常精明，可能会成为巨额债权人，而非巨额欠债人，但这种情况很少发生。

在撰写这篇文章时，一只西瓜虫正缓缓爬过桌面。如果它不小心仰面朝天，就必须奋力挣扎翻转身体才能重新爬行。在这个过程中，它拥有了生活的目标——翻身。在它成功翻身后，你甚至看到它仿佛露出了胜利的微笑。

我们可以想象，在它翻身后，会对下一代西瓜虫讲述自己的翻身经历，年轻一代可能会对它非常钦佩。然而，这只西瓜虫在扬扬自得的同时又难免有一丝失望，它虽然成功翻身了，但失去了生活的目标。它甚至想再跌倒一次、挣扎一次，再次体验胜利的感觉。也许我们可以用墨水在它后背做个记号，这样当它再次去冒险时，我们就能认出它。毫无疑问，它是一只勇敢的虫子，难怪这个物种能存在几百万年。

不过，大部分美国年轻人只有在困难时期，才会认真对待自己的债务。如果年轻人消沉或者经济状况不佳，债务可以使他们继续生活下去，甚至可以打消其中一些人想自杀的念头。他们大多数时间都在享受地玩"如果不是为了还债"的游戏。只有少数人终生都在艰难地玩"欠债者"游戏。

在美国，年轻夫妇经常玩"你来追债试试看"。在这个游戏中，无论游戏朝着哪个方向发展，游戏者都能获胜。例如，怀特夫妇通过贷款购买各种各样的商品。他们可能购买奢侈品，也可能购买廉价的日用品，这取决于他们的背景以及父母教他们的玩游戏的方式。在这种情形下，如果债主在追债过程中半途而废，或者愿意宽限还款时间，那么怀特夫妇就会继续保持这种消费习惯，并且暂时不需要承担后果。从这个意义上来说，他们会获得短暂的胜利。倘若债主催得紧，那么他们就会享受一种被追债的乐趣。当债主决心追回欠款的时候，这个游戏会达到高潮：债主会采用一些强制性的手段，比如去怀特工作的地方找领导施压，或者开着一辆大卡车，上面挂着"催债公司"的横幅，在怀特家门口大吵大闹。

此时，转换就会发生。怀特虽然知道他必须还钱，但由于债主强制性的讨债方式冷酷无情，这让他感觉自己有理由生气。他现在开始玩"我可逮到你了，你这个混蛋"，而通过证明债主都是贪得无厌、冷酷和不值得信赖的，他又获胜了。

这个游戏主要有两种明显的获益：（1）强化了怀特的心理预期，认定所有债主都是贪婪的；（2）为怀特提供了大量外在社交获益，因为怀特此后可以在朋友面前公然抨击债主，而不会失去自己"老好人"的身份。面对债权人时，这个游戏还能让怀特进一步获得内在社交获益。此外，还为他欠债不还的行为辩护：债主如此不仁不义，我为什么要还钱给他们？

债主会玩"你躲债试试看"，该游戏的玩家往往是一些小房东。"你来追债试试看"和"你躲债试试看"这两种游戏的游戏者能轻易识别对方，并且对即将到来的沟通获益及预期的愉快感到兴奋与窃喜。最后无论是哪种游戏的游戏者占据上风，他们在玩完另一个"为什么这种事总发生在我身上"的游戏后，双方的心理地位都会因此得到强化。

涉及金钱的游戏，可能会带来严重的后果。尽管以上这些描述看上去有些滑稽，就像某些人感觉到的那样，但并不是因为这个游戏不重要，而是因为暴露了事件背后的微妙动机。人们可以学习如何严肃地对待它们。

反游戏。"你来追债试试看"的反游戏，是让负债者立即支付现金。但优秀的"你来追债试试看"游戏玩家总能找到应付的办法，只有强硬、冷酷的债主才不为所动。"你躲债试试看"的反游戏是迅速和诚实。玩这两个游戏的都是高级玩家，业余选手与他们对决的概率和与职业赌徒对决的概率一样大。对于业余玩家来说，如果遇到了高级玩家，虽然很难获胜，但至少能享受参与游戏的乐趣。

由于这两个游戏都是按照传统进行的，没有什么比让一个业余受害者嘲笑比赛结果更让专业选手不安的了。在向作者报告的案例中，当一个人在街上嘲笑遇到的欠债者时，就像对玩"笨手笨脚的人"实施反游戏策略一样，会让他感到困惑、沮丧和不安。

▌3. "来踢我"

正题。玩这种游戏的游戏者，往往一边摆出一副"请不要欺负我"的样子，一边在行为上引诱别人欺负自己。他们非常擅长引诱别人来"踢"自己，但别人真的"踢"了之后，他们又会委屈地诉苦："为什么这种事总发生在我身上？"

在临床上，"为什么这种事总发生在我身上"可能会表现为"精神病学"中的陈述——不管什么时候，只要遇到压力，我就会彻底崩溃。这个游戏的元素之一就是反向骄傲："我的不幸好过你们的。"这个元素常见于偏执症患者。

对游戏者怀特来说，如果周围的人受友善、"我只是想帮你"、社会习俗或组织规则的限制，不能攻击他，那么他的行为就会越来越具有挑衅性，直到他超出界限，迫使他人满足自己的需求。这种游戏者面临的结果通常是被疏远、被抛弃、被企业解雇。

在女性中对应的游戏是"衣衫褴褛"。玩这种游戏的女人，往往生活比较富裕，却让自己看上去衣衫褴褛。出于某种高端的理由，她们确保自己的收入仅够维持生活。如果有额外收入，她们会拿来帮助有事业心的年轻人，并在毫无价值的商业推广中获得一些股票或其他类似的东西作为回报。通俗地说，这类女性被称为"母亲的朋友"，随时准备提供明智的"父母"建议，并间接地生活在别人的经验中。她们玩"为什么这种事总发生在我身上"时是沉默的，只是通过她们勇敢抗争的行为表明"为什么这种事总是发生在我身上"。

在适应能力良好的人身上，存在一种有趣的"为什么这种事总发生在我身上"的形式。他们的收益与成就不断增加，远远超出他们的预期。此时如果不再表达"为什么这种事总发生在我身上",而是"我做了什么让我获得这些成功?",可能会引发一些建设性的思考,从而带来积极意义上的成长。

▌ 4. "我可逮到你了,你这个混蛋"

正题。在扑克游戏中经常可以看到这一幕。游戏者怀特持必胜牌,比如 4 个 A。如果他是"我可逮到你了,你这个混蛋"玩家,此时相比于赢钱,他更感兴趣的是任由他摆布配角布莱克。

怀特需要安装一些管道装置,在开始安装之前,他和安装工人已经精确核算了费用并达成一致,双方约定不再产生额外费用。当收到账单时,由于工人安装了一个预算外的阀门,费用多了几美元。大约在原来 400 美元的费用基础上多了 4 美元。怀特很生气,他打电话给工人,要求对方给出合理的解释。面对怀特的质问,工人并没有退让,怀特又写了一封信,批评工人不讲职业道德。他在信里说,如果不取消这 4 美元,他就拒绝支付工钱。最后工人妥协了。

显然,怀特和这个水管工人都在玩游戏。在他们初步沟通费用时,双方就已经感受到彼此的游戏能力。在最后提交账单时,工人做出了挑衅行为。由于双方事先已达成协议,所以工人并不占理。怀特认为，对工人发泄自己的愤怒是合情合理的。他没有以成人自我状态采取体面的方式进行谈判，而是抓住机会对工人的整个生活方式进行了批评与谴责，也许还带着一种无辜的愤怒。从表面来看，怀特与工人之间的矛盾是成人自我状态对成人自我状态的沟通，实际上，从心理层面看，是父母自我状态对成人自我状态的沟通。怀特想借这点小事，发泄累积的愤怒，就像母亲在类似情况下的反应一样。

怀特很快意识到自己内心潜在的态度是"我可逮到你了，你这个混蛋"，并发现他为工人用 4 美元激怒了自己感到窃喜。他回想起自孩提时代自己好像就常常寻找这样的不公正的机会，愉快地接受它们，并加以利用，发泄自己的愤怒。回顾过往，怀特先生发现，他早已忘记从前那些事件为什么会激怒自己，只记得自己和对方斗争的具体过程。显然，这个水管工玩的是"为什么这种事总发生在我身上"游戏的一种变体。

"我可逮到你了，你这个混蛋"是一个双人游戏。我们必须将它与"这难道不糟糕吗"游戏进行区分。在"这难道不糟糕吗"游戏中，游戏主角寻找不公平的遭遇，是为了向第三方抱怨，进行一个三人游戏。这个三人游戏的三个角色分别是"迫害者""受害者"和"知己"。"这难道不糟糕吗"游戏的口号是"同病相怜"。扮演"知己"角色的人往往也玩"这难道不糟糕吗"游戏。

"为什么这种事总发生在我身上"也是一个三人游戏。不过这个游戏的主角是用不幸来突显自己的优越，并且痛恨比自己更不幸的人。"我可逮到你了，你这个混蛋"也可以转换为一种商业性的职场三人游戏，比如"美人计"游戏。它也可以通过微妙的变化变成一种双人婚姻游戏。

反游戏。对抗这个游戏最好的方式是采取正确的行为。与"我可逮到你了，你这个混蛋"玩家建立契约关系时，一开始就应准确无误地敲定细节，并且严格遵守已经制定的规则。比如，在临床工作中，对于缺席或者取消预约的付费问题，最初就应该明确解决，并格外注意，避免在记账时出现差错。

如果出现意外情况，反游戏是得体地做出让步，直到治疗师准备好应对这个游戏。在日常生活中，我们与这种游戏的玩家打交道时，一定要预估风险。对待这类人的妻子更要有礼貌，即便是轻微挑逗、献媚或者怠慢之举都应避免，尤其在游戏者看似鼓励你这么做的情况下更要避免。

游戏分析

正题： 我可逮到你了，你这个混蛋。

目的： 为自己的愤怒寻找正当理由。

角色： 受害者、挑衅者。

心理动力： 嫉恨。

范例：（1）这次被我逮到了吧；（2）嫉妒的丈夫。

社会层面的沟通： 成人自我状态—成人自我状态。

成人自我状态："看，你犯错了。"

成人自我状态："你提醒我了，我想我真的犯错了。"

心理层面的沟通： 父母自我状态—儿童自我状态。

父母自我状态："我一直盯着你呢，就等着你犯错。"

儿童自我状态："这次被你抓住了。"

父母自我状态："没错，让你尝尝我的愤怒是什么滋味！"

步骤：（1）激惹—责难；（2）防御—责难；（3）防御—惩罚。

获益：（1）内在心理获益——为生气找到正当的理由；（2）外在心理获益——逃避面对自己的问题；（3）内在社交获益——"我可逮到你了，你这个混蛋"；（4）外在社交获益——"他们总是要来抓你"；（5）生理性获益——往往是同性之间的相互斗气；（6）存在性获益——人都不值得信赖。

5."看你都让我做了些什么"

正题。这个游戏最经典的形式是婚姻游戏。事实上，这是一个"三星级婚姻破坏者"。不过，这个游戏也可能发生在父母与子女之间，或者工作场合。

（1）第一级"看你都让我做了些什么"

怀特感觉自己不合群，他专心致志地投入某些事情中，从而使自己远离人群。可能此时他只想一个人待着。可他的妻子或孩子跑来向他寻求安抚，或者问他一些诸如"尖嘴钳放哪儿了？"之类的问题。对怀特来说，这种干扰导致他的凿子、漆刷、打字机或烙铁失手滑落，于是他愤怒地喊道："看你都让我做了些什么？"

这种情况屡屡发生，怀特的家人越来越不敢在他专心做事时打扰他。事实上，导致怀特失手的显然不是闯入者，而是他自己的过激反应。

实际上，怀特很乐意发生这种事情，因为这给了他一个赶走闯入者的机会。糟糕的是，孩子们很容易学会这个游戏，导致这种游戏代代相传。游戏者玩得越入迷，他潜在的满足与获益就越能清楚地展现出来。

（2）第二级"看你都让我做了些什么"

如果此游戏成为一种生活方式，而不是偶尔使用的保护机制，怀特会娶一位玩"我只是想帮你"或其他相关游戏的妻子。如此一来，他就能轻易地借体贴、绅士的幌子把决定权交给她。

他可能看上去彬彬有礼、谦虚温和，将诸如去哪里吃饭或看哪部电影的决定权，都交给妻子。如果妻子的决定正确，事情进展得顺利，怀特便欣然享受一切；如果事情出现问题，他就会直接或间接地责备妻子："都是你害的。"这是"看你都让我做了些什么"的一种简单变体。或者，怀特会将与养育孩子相关的决定权交给妻子，他则负责执行。如果孩子不高兴，那么怀特就可以直接玩"看你都让我做了些什么"游戏。如果孩子最终成长得不好，多年以后，怀特就会以此为借口责怪妻子。在这种情况下，"看你都让我做了些什么"不是游戏的结局，而是在通往"我早就跟你说了会这样"或"看你现在做了些什么"的路上获得的短暂满足。

那些通过玩"看你都让我做了些什么"来获得心理满足的职业游戏者，也会在工作中玩这个游戏。在职场"看你都让我做了些什么"游戏中，游戏者用埋怨的表情来代替语言。他"民主"地（或作为"良好管理"的一部分）征求助手的意见，从而将自己置于一个无懈可击的位置，对下属实施可怕的统治。所有本来是他犯下的差错都可以归咎于下属。如果把责任推卸给上级领导，那他们只会自讨苦吃，可能会面临被解雇的风险。如果是在军队中，他们可能会被调到另一个分队。

对于充满怨恨的人来说，这种行为属于"为什么这种事总发生在我身上"游戏的一个元素，对于抑郁者，它又是"我又这样了"游戏的一个元素。这两者都是"来踢我"游戏的家族成员。

（3）第三级"看你都让我做了些什么"

游戏的激烈形式可能是偏执狂患者以此为借口，反抗那些贸然给他们提出忠告的人（详见"我只是想帮你"游戏）。这可能有危险，在极少数情况下甚至是致命的。

"看你都让我做了些什么"和"都是你害的"彼此完美互补，因此二者的组合，是许多婚姻中典型的、隐蔽的游戏契约的基础。此类游戏契约可以用下面的案例来说明。

怀特夫妇经过商量，达成一致：由怀特夫人负责家庭账目，并且通过双方共同的账户支付账单，因为怀特先生"不擅长算术"。然而，每隔几个月，他们就会收到银行的通知，说他们的账户透支了。因此，怀特先生不得不去银行偿还欠款。经过查账，发现怀特夫人在未告知丈夫的情况下购买了昂贵的物品。

在查明原因后，怀特先生火冒三丈地指责夫人"都是你害的"，而怀特夫人则会含泪忍受他的责备，并发誓不会再发生这样的事了。过了一段时间后，信贷机构人员突然出现在家里，要求怀特先生支付一笔长期未还的借款。此前，怀特先生并不知道这笔欠款，于是质问妻子。而这时妻子会玩"看你都让我做了些什么"游戏，声称这都是怀特害的。如果不是怀特禁止她透支家庭账户，她就不会为了维持家庭收支平衡而不支付这笔巨额债务，并对他进行隐瞒。

这些游戏持续上演了十年，每次发生后他们都以为是最后一次，从此会有不一样的生活。然而，往往只能维持几个月，然后怀特夫人会故态复萌。

在进行心理治疗时，聪明的怀特先生分析了这个游戏，在没有治疗师帮助的情况下，他想出了一个有效对抗这个游戏的方法。经过与怀特夫人协商，双方达成了一致意见：怀特先生把所有的信用卡账户及家庭银行账户都划到自己名下，由怀特夫人继续执行记账、付账的任务，但怀特先生必须先过目，并由他控制支出。

使用这个方法后，他们再也没有出现被讨债或者透支账户的情况，现在他们共同分担预算工作。当失去"看你都让我做了些什么"和"都是你害的"游戏带来的满足感与获益后，怀特夫妇刚开始有些不知所措，但也迫使他们发现一种新的更具开放性与建设性的方法来相互满足。

反游戏。对抗第一级"看你都让我做了些什么"游戏的方法，是让游戏者独自面对。对抗第二级"看你都让我做了些什么"游戏的方法则是让怀特自己来做决定。如果让第一级游戏者独自面对，他可能会感到孤独，但几乎不会生气。如果要求第二级游戏者自主做决定，则有可能导致他生气。因此按规律对抗"看你都让我做了些什么"游戏，有可能会导致双方不欢而散。对抗该游戏的第三级，则需要交给专业人士来处理。

部分分析

这个游戏的目的在于证明自己。轻度"看你都让我做了些什么"游戏的心理动力学机制可能与早泄有关，而重度"看你都让我做了些什么"游戏的心理动力学机制则与"阉割"焦虑导致的愤怒有关。

　　孩子们很容易学会玩这个游戏。显然，这个游戏的外在心理获益非常明显，即逃避应承担的责任。在一段关系中，即将发生的亲密也会促使游戏发生，因为"有理由"的愤怒，正好能够为游戏者提供回避性关系的借口。在该游戏中，游戏者的心理地位是"我是无可指责的"。

注释

感谢加利福尼亚州奥克兰市酒瘾治疗与教育中心的罗德尼·诺斯（Rodney Nurse）医生和弗朗西斯·马特森（Frances Matson）太太，同样也感谢肯尼斯·埃弗茨（Kenneth Everts）医生、斯塔雷尔斯（R. J. Starrels）医生、罗伯特·古尔丁（Robert Goulding）医生以及其他对酗酒问题特别感兴趣的人，感谢他们在"酗酒"游戏研究上的持续努力及对本文做出的贡献与批评。

第七章

婚姻游戏

Marital Games

几乎所有游戏都能构成婚姻生活与家庭生活的基础，只不过类似"要不是因为你"这种游戏人们玩得更为广泛。在婚姻中，伴侣也可以长时间忍受"性冷淡的女人"这样的游戏。当然，这里人为地把婚姻游戏与性游戏分开，本书将另有章节专门讲解性游戏。

婚姻关系中，最典型、最成熟的游戏主要包括"困境""法庭""性冷淡的女人""性冷淡的男人""忙碌""要不是因为你""看我已经努力尝试了""亲爱的"。

▎1."困境"

正题。与大多数游戏相比，"困境"游戏能更清楚地说明游戏所具备的操纵性，以及对亲密关系的阻碍功能。自相矛盾的是，这个游戏包含了一个人虚伪地拒绝玩别人的游戏。

（1）怀特太太向丈夫提议一起去看电影，怀特先生答应了。

（2a）怀特太太"无意中"说错了话。她在与怀特先生交谈的过程中，很自然地提起房子需要粉刷了，但粉刷房子的费用不菲。怀特先生已经告诉她，最近家里的经济状况很紧张，让怀特太太至少在下个月前不要有超出日常的花销，以免让他尴尬或烦恼。怀特太太在这时提起粉刷房子的问题很不合时宜，因此怀特先生粗鲁地回应了她。

（2b）另一种情况是：怀特先生把话题引到了房子上，使得怀特太太很难抵制说出房子需要粉刷的诱惑。然后和前面的情况一样，怀特先生回应的方式也很粗鲁。

（3）怀特太太很生气，说如果怀特心情不好，她就不陪他去看电影了，他最好自己去。怀特说，如果她这样想，那他就自己去看。

（4）怀特先生自己去看电影（或者和孩子们出去玩），把怀特太太一个人留在家，顾影自怜。

这个游戏可能隐藏着两种"可乘之机"。

（1）根据以往的经验，怀特太太很清楚，面对丈夫的愤怒，她不用那么认真。对于怀特先生来说，他真正想要的是妻子能感激自己赚钱养家的艰辛。如果怀特太太能做到，他们就能一起开心地出去了。但怀特太太拒绝这样做，这让怀特先生感到很失望。他带着失望和怨恨离开，而怀特太太则孤身一人留在家里。虽然怀特太太看似受到了伤害，但实际上她内心深处隐约有一种获胜感。

（2）根据以往的经验，怀特先生非常清楚，他不用这样在意妻子的恼怒，妻子真正想要的是他的甜言蜜语。只要他能表现得温柔一些，他们就能一起愉快地出门了。可他偏没有这样做，而且他知道自己的拒绝是不诚实的：他明知道妻子想要被他哄，却假装不知道。他离开家，心情是愉悦和放松的，如释重负，但他看上去很受委屈，感到失望和不满。

即便是缺乏情感经验的人也能看出，以上每一种情况的获胜者，其心理地位都是"我是无可指责的"。怀特先生或怀特太太所做的一切都是从字面意思上理解对方，这在（2）情境中更显而易见。怀特先生从表面理解太太的拒绝，实际上他们都知道这并不是怀特太太的初衷。但既然怀特太太说出口，她就被逼入了"困境"。

这个游戏最明显的获益是外在心理获益。怀特夫妇都发现看电影能激发性欲，而且或多或少预料到他们看完电影回家后将会进行性生活。因此，无论他们中谁想避免亲密关系，都会通过步骤（2a）或（2b）开始游戏。这是"吵闹"游戏的一种非常能激怒人的变体（详见第九章）。"受委屈"的一方，处在一种理所当然的愤怒状态中，从而为自己不愿意进行亲密接触找到好理由，而被困住的伴侣对此则束手无策。

反游戏。这对怀特太太来说很简单。她只要改变自己的想法，挽住丈夫的手臂，微笑着和他一起出门就可以（从儿童自我状态转换为成人自我状态）。然而，对怀特先生来说，这个游戏的难度稍大，因为此时掌握主动权的是妻子。但是，如果他重新考虑整体情况，或许会讲一些甜言蜜语哄妻子跟他一起出门，以被安抚的生气的儿童自我状态，或者更好的情况是，以成人自我状态。

作为涉及孩子的家庭游戏时，"困境"游戏有不同的表现方式。这与贝特森（Bateson）及其同事描述的"进退两难"相似 [1]。在这种家庭游戏中，孩子是被逼入"困境"的一方。不管他做什么，在父母眼里都是错的。根据贝特森学派的看法，这种现象是导致精神分裂症的一个重要因素。用本书的语言来说，精神分裂症或许是一个孩子应对"困境"的反游戏。用游戏分析来治疗成人精神分裂症患者的经验，也能证明这一观点：也就是说，假如对"困境"的家庭游戏进行分析，会发现无论是过去还是现在，精神分裂行为都在对抗这个游戏。那么，在一个准备充分的病人身上，症状就会得到部分甚至全部缓解。

"困境"还有一种全家玩的日常表现形式，该游戏最有可能影响年幼孩子的性格发展。在这个游戏中，孩子被催促多做家务，但当他做家务的时候，父母又喜欢对他的行为吹毛求疵，这是"做也错，不做也错"的典型例子。这种"进退两难"被称为两难型"困境"游戏。

我们发现，"困境"游戏也有可能是儿童哮喘的一个病因。

小女孩："妈妈，你爱我吗？"
母亲："爱是什么？"

这个回答让孩子无法继续追问。小女孩想和母亲谈话，母亲却将话题转向小女孩根本没法理解的哲学问题。小女孩开始呼吸困难，母亲则变得不耐烦，接着孩子开始哮喘，然后母亲向她道歉，这时"哮喘"游戏就开始了。这一游戏被称为"哮喘型困境"，还需要进一步研究。

此外，"困境"还有一种优雅的变体，被称为"罗素－怀特海型困境"*，往往出现在团体治疗中。

布莱克："好了，不管怎样，当我们沉默不语的时候，没有人在玩游戏。"

---

* 罗素和怀特海都是英国著名哲学家、数学家，他们合著了《数学原理》（*The Principles of Mathematics*），在论述逻辑类型论的过程中，罗素提出了集合悖论。此处用二人的名字命名该游戏，是因为游戏中出现了罗素提出的悖论。

怀特："也许沉默本身就是游戏。"

瑞德："今天没有人玩游戏。"

怀特："可是，不玩游戏本身也可能就是游戏。"

治疗性的反游戏也是优雅的，它禁止逻辑悖论。当怀特不能采用这一策略时，他心中潜藏的焦虑就浮现出来了。

婚姻游戏中的"午餐袋"一方面与"困境"紧密相连，另一方面与"衣衫褴褛"相似。丈夫完全有能力在一家高档餐馆吃午餐，可他却选择每天早上自己做几个三明治，装在纸袋中，带到办公室吃。这样他就能把家里的面包皮、剩饭和妻子攒的纸袋全部消耗掉。通过这个游戏，丈夫就完全掌控了家庭财政支出。看丈夫如此自我牺牲，妻子怎么敢再给自己买一条貂皮围巾呢？为此丈夫还有一些其他获益，比如，独自享用午餐的权利，以及利用午餐时间工作的权利。从多个角度来看，这是一个建设性游戏，如果本杰明·富兰克林还在世，一定会支持，因为他鼓励以节俭、勤奋和守时为美德。

2."法庭"

正题。从描述上来说，"法庭"游戏属于法律中最常见的游戏类别，其中最常见的包括"木头腿"游戏（精神错乱的辩护）和"欠债者"游戏（民事诉讼）。在临床上，"法庭"游戏多见于婚姻咨询和婚姻心理治疗小组。实际上，一些婚姻咨询和婚姻心理治疗小组，几乎在不停地玩"法庭"游戏。但在这个游戏中任何问题都得不到解决，因为游戏从来没有中断过。在这种情形中，咨询师或治疗师在没有意识的情况下，已经深深卷入游戏。

"法庭"游戏的游戏人数是任意的，但从本质上来说，它是一个三人游戏，由原告、被告和法官组成，分别由丈夫、妻子和治疗师担任。如果在治疗小组、广播或电视节目中进行这个游戏，那么听众或观众就会充当陪审团的角色。丈夫开始悲伤地说："我想告诉你，（妻子的名字）昨天做了什么，她……"然后妻子反驳："事情其实是这样的……在那之前他……不管怎么说，当时我们都……"丈夫大度地补充说："好吧，我很高兴你们有机会听到这件事的两个方面，我只想得到公平。"这时治疗师明智地说："依我之见，如果我们考虑……"如果有其他观众，治疗师可能会对他们说："好吧，让我们来听听其他人怎么说。"或者，如果这个小组接受过训练，那么即便没有治疗师的指导，他们也会充当陪审团的角色。

反游戏。治疗师对丈夫说："你说得完全正确！"假如丈夫听到后，自满或得意，感觉很放松，治疗师就会问："我这么说你感觉如何？"丈夫回答："感觉不错。"接着治疗师说：
"事实上，我觉得这件事是你的错。"如果丈夫是诚实的人，
那么他会说："我从一开始就知道。"如果他不诚实，就会做
出一些反应，让人清楚地知道游戏还在继续。如此一来，他
们就有可能更深入地探讨这个游戏。游戏的要点在于，虽然
"原告"在公开叫嚣着要获胜，但本质上他认为自己错了。

在收集了充分的临床资料，并澄清情况后，这场游戏可
以通过一种策略来阻止，这是游戏艺术中最简洁的手段之一。
治疗师制定了一项规则，禁止在小组中使用第三人称（语法
层面的）。此后，成员之间只能直接称呼对方为"你"，或者
称呼自己为"我"，而不能说"让我来告诉你，他……"这
时，这对夫妻就不再玩"法庭"游戏了，或转玩比"法庭"
游戏更有益的"亲爱的"游戏，或玩毫无帮助的"此外还有"
游戏。我们将在其他章节中描述"亲爱的"游戏。在"此外
还有"游戏中，"原告"提出一连串的控诉，而对于每个控
诉，"被告"都会回答"我可以解释"。"原告"无视"被告"
的解释，只要"被告"停下来，"原告"就会开始下一项控
诉，接着是"被告"的另一种解释——典型的父母自我状态—
儿童自我状态式的沟通。

经常有偏执型的"被告"陷入"此外还有"游戏中。由
于他们总是从字面意思理解，容易让用幽默或比喻来表达自

已的"原告"备受挫败。一般来说，在"此外还有"游戏中，隐喻是最需要回避的陷阱。

在每天的生活中，在孩子们之间，我们很容易观察到"法庭"游戏。这是发生在两个兄弟姐妹和一个父母之间的三人游戏。"妈妈，她拿走了我的糖果。""是的，但他先拿了我的洋娃娃，而且他之前还打我，我们之前约定好要分享这些糖果的。"

游戏分析

正题：他们不得不承认我是对的。

目的：获得安慰。

角色：原告、被告、法官（和／或陪审团）。

心理动力：兄弟姐妹之争。

范例：（1）孩子们争吵，父母干预；（2）已婚夫妻，寻求"帮助"。

社会层面的沟通：成人自我状态—成人自我状态。

成人自我状态："这是她对我做的事情。"

成人自我状态："事实是这样的。"

心理层面的沟通：儿童自我状态—父母自我状态。

儿童自我状态："告诉我，我是对的。"

父母自我状态："这个人是对的。"或"你们都没错。"

步骤：（1）原告提出控诉—被告进行辩护；（2）原告提出反驳、让步或摆出善意的姿态；（3）法官做出决定或者给陪审团指示；（4）做出最后裁决。

获益：（1）内在心理获益——投射内疚；（2）外在心理获益——免除内疚感；（3）内在社交获益——"亲爱的""此外还有""吵闹"及其他游戏；（4）外在社交获益——"法庭"游戏；（5）生理性获益——来自法官或陪审团的安慰；（6）存在性获益——抑郁的心理地位，我永远是错的。

▍3. "性冷淡的女人"

正题。这个游戏差不多总是婚姻游戏，因为我们难以想象在一种非正式的关系里，在相当长的时间内能够为性冷淡提供所需的机会与特权，也难以想象当遇到这样的问题时，非正式关系仍然能够保持下去。

丈夫向妻子示好，但遭到了拒绝。丈夫多次尝试后，他被妻子告知说：所有的男人都是野兽。丈夫并不是真的爱她，或者根本不爱她这个人，他只对性感兴趣。于是丈夫暂停了这样的尝试，一段时间后再次尝试，得到的还是妻子的拒绝。最后丈夫放弃了。数周或数月后，妻子变得越来越随意，忘性很大。她会半裸着走进卧室，或在洗澡时忘记拿毛巾，只能让丈夫递给她。如果她玩刺激的游戏或酗酒，还可能会和聚会上的其他男人调情。最后，丈夫回应了妻子的这些挑逗，并再次尝试与妻子进行性生活，但他又一次被拒绝了。接下来，"吵闹"游戏开始了，这个游戏包括他们近期各自的行为、其他夫妻，并把双方的父母、家庭财务状况、他们的失败等各种因素都牵扯进来，最后随着一声摔门声而告终。

这次吵架后，丈夫下定决心，他真的不能再忍了，决定彻底放弃，过一种无性的生活。几个月过去了，丈夫对妻子裸露着身子行走和忘记拿毛巾的招数视若无睹。妻子则加大挑逗力度，穿着越来越随便，也越来越健忘，但丈夫仍然不予回应。然后，在某个晚上，妻子竟然主动接近丈夫并亲吻了他。丈夫在开始时牢记此前的教训，并不回应。可是很快，丈夫的生理本能在长时间的渴望之后，开始按照自己的方式自然发展，这次他觉得自己肯定能成功。他一开始的试探性尝试没有被拒绝，于是更加大胆。然而，在最关键的时刻，妻子突然后退，并且哭喊着说："你看，我早就说了，男人都是野兽！我想要的只是感情，可你感兴趣的只有性！"然后，"吵闹"游戏就开始了，可能不会经过有关他们最近的行为和他们父母的初级阶段，直接转向财务问题。

值得注意的是，即便丈夫一再表示抗议，但他通常和妻子一样，也畏惧性亲密，畏惧程度并不比妻子小。他谨慎地选择伴侣，把过度消耗他干扰能力的风险降到最低。现在，他可以将过错都归咎于妻子了。

各种年龄的未婚女性都会玩这个游戏的日常形式，她们因此获得了"性冷淡"的绰号。对她们来说，这个游戏经常并入"愤慨"或"挑逗"游戏。

反游戏。这是一场危险的游戏，反游戏可能同样危险。丈夫找一个情妇，这种做法就像赌博。面对这样的刺激，妻子可能会结束"性冷淡"游戏，尝试过正常的婚姻生活，但可能为时已晚。从另一方面来说，在律师的帮助下，妻子可能会利用婚外情开始玩"我可逮到你了，你这个混蛋"游戏。假如丈夫进行心理治疗，但妻子没有，结果同样难以预测。随着丈夫变得更加强大，及时做出更健康的调整，妻子的游戏可能会土崩瓦解；但如果妻子是一个固执的游戏者，那么丈夫的改变可能会导致两个人婚姻破裂。最好的解决办法是，夫妻双方一起加入沟通分析团体治疗，在那里，游戏的潜在优势和基本的性异常都可以暴露出来。有了这样的准备，夫妻双方可能对深入的个人心理治疗更感兴趣。这可能会导致心理上的再婚。若非如此，每个人至少都会对当下的情形做出比之前更合理的调整。

对于这个游戏的日常形式，反游戏是转而寻找其他社交伴侣。还有一些更精明或更残酷的反游戏，是不道德的，甚至是犯罪。

相关游戏。 对应的游戏——"性冷淡的男人"，这种游戏不常见，但整个过程类似于"性冷淡的女人"，只是细节上有些差别。游戏的最终结局由夫妻双方的脚本决定。

"性冷淡的女人"游戏的关键在于以"吵闹"结束。只要游戏进展到这一阶段，就不再有性亲密。因为到了这个阶段，夫妻都会从"吵闹"游戏中获得一种反常的满足，他们不再需要从对方身上获得更多的性兴奋。因此，对抗"性冷淡的女人"游戏，最重要的是避免"吵闹"，让妻子处于一种性不满足的状态，这种状态可能会十分强烈，以至使她变得更加顺从。我们可以用"吵闹"游戏区分"性冷淡的女人"和"爸爸打我吧"游戏。对于"爸爸打我吧"游戏来说，"吵闹"游戏只是前戏；而在"性冷淡的女人"游戏中，"吵闹"则取代了性行为本身。因此，在"爸爸打我吧"游戏里，"吵闹"是性行为的一个条件，类似于一种增加兴奋的东西；可在"性冷淡的女人"游戏中，"吵闹"意味着游戏的终止。

狄更斯在《远大前程》（*Great Expectations*）中描述的一个神经质的小女孩，就是"性冷淡的女人"的儿童期版本，这个女孩穿着僵硬的裙子出来，让小男孩给她做一个泥巴饼，接着她嘲笑小男孩沾满污泥的手和衣服，并炫耀她自己十分干净。

游戏分析

正题：我可逮到你了，你这个混蛋。

目的：证明无罪。

角色：保守的妻子和不替他人着想的丈夫。

心理动力：阴茎嫉妒。

范例：（1）谢谢你给我做泥巴饼，你这个脏男孩；（2）善于挑逗的、性冷淡的妻子。

社会层面的沟通：父母自我状态—儿童自我状态。

父母自我状态："我允许你给我做泥巴饼（亲吻我）。"

儿童自我状态："我很乐意这样做。"

父母自我状态："现在你看看自己有多脏。"

心理层面的沟通：儿童自我状态—父母自我状态。

儿童自我状态："看看你能不能引诱我。"

父母自我状态："即使你阻止我，我也会试试。"

儿童自我状态："看看，是你先开始的。"

步骤：（1）诱惑—回应；（2）拒绝—顺从；（3）挑逗—回应；（4）拒绝—"吵闹"。

获益：（1）内在心理获益——避免对施虐性幻想的内疚；（2）外在心理获益——避免恐怖的暴露和渗透；（3）内在社交获益——"吵闹"游戏；（4）外在社交获益——"你会怎么对待

脏兮兮的男孩（丈夫）呢"；（5）生理性获益——压抑的性游戏，好战的沟通；（6）存在性获益——我是纯洁的人。

4."忙碌"

正题。忙碌的家庭主妇经常玩这个游戏。她的情况需要她精通 10~12 种不同的工作，也就是说，她需要出色地扮演 10~12 种角色。在报纸的周日增刊上，不时半开玩笑地列出这些职业或角色的名单：女主人、母亲、护士、女佣等。由于这些角色通常是相互冲突和令人疲惫的，日积月累，她们会患上被称为"家庭主妇的膝盖"（因为家庭主妇的膝盖被用来承受摇晃、擦洗、提东西、开车等负担）的毛病，该病症的症状可以简单地总结为"我累了"。

假如这位家庭主妇能够按照自己的节奏做事，并且充分满足于爱她的丈夫和孩子，她就不只是在为家庭服务，而是在享受她的 25 年的人生。最后，她看着最小的孩子去上大学，心里难免会感到孤独。但如果她受到内在父母自我状态的驱使，又被她选择的挑剔的丈夫责备，就无法从爱家人中获得足够的满足感，那么她可能会变得越来越不快乐。刚开始的时候，家庭主妇还能够通过"要不是因为你"和"瑕疵"游戏获益而自我安慰（实际上，每一个家庭主妇在遇到困难时，都会求助于这些游戏）；但这些游戏很快就使她无法坚持下去，她必须找到其他解决办法，那就是"忙碌"游戏。

"忙碌"游戏的主题很简单。家庭主妇承担一切事情，甚至还主动承担更多。她接受丈夫的批评，也满足孩子们的所有要求。假如她必须在晚宴上请客吃饭，那么她不仅觉得自己必须完美地充当健谈者、女主人、女佣、室内设计师、宴会承办人、迷人女郎、纯洁女王和外交家等多种角色，而且在聚会当天早上，她会自愿烘焙蛋糕，并送孩子们去看牙医。如果她已经感觉很累了，她会让这一天的生活变得更累。然后到下午的时候，她理所当然地倒下了，什么都做不了。她认为，自己辜负了丈夫、孩子和客人的期望，她的自责让她更加痛苦。这样的情况发生两三次之后，她的婚姻岌岌可危。孩子们也困惑不已。她的体重骤减，头发凌乱不堪，脸色憔悴，鞋子也磨坏了。接着，她出现在精神科医生的诊室里，准备住院接受治疗。

反游戏。逻辑上的反游戏很简单：怀特太太可以在一周以内接连扮演她的每一种角色，但她必须拒绝同时扮演两个或更多的角色。例如，如果她要举办一场鸡尾酒会，她可以扮演酒会承办人，或者扮演女佣，但无法同时扮演这两种角色。如果她只是患有"家庭主妇的膝盖"，通过这种方式或许可以限制自己。

然而，如果她的确在玩"忙碌"游戏，那么她很难坚持这一原则。在这种情形中，她会仔细挑选丈夫；在其他方面，丈夫是一个通情达理的人，可是一旦他认为妻子不像他想象中的母亲那样有能力，他就会批评妻子。实际上，妻子嫁给了丈夫对母亲的幻想（这存在于他的父母自我状态中），这与妻子对自己的母亲或祖母的幻想相似。在找到一位合适的伴侣后，她的儿童自我状态便可以适应忙碌的角色，以维持她心理上的平衡，这是非常必要的，所以她不会轻易放弃。丈夫承担的工作责任越多，夫妻二人就越容易找到成人自我状态的理由来维持他们关系中不健康的方面。

当这种情况难以维持时，通常是因为学校为了帮助他们不快乐的孩子们做出了干预。精神科医生被邀请来帮忙，形成一个三人游戏。医生介入后，丈夫希望他对妻子进行彻底检查，妻子则希望医生与她一起对抗丈夫。接下来发生的情况，是由医生的技能和警惕性决定的。在治疗的第一阶段，妻子的抑郁往往会减轻。第二阶段是关键性的阶段，她会放弃进行"忙碌"游戏，改玩"精神病学"游戏。这个阶段很可能激发夫妻之间越来越多的对抗。这种对抗有时隐藏得很好，然后突然爆发，尽管这并非意外。如果度过这个阶段的考验，那么真正的游戏分析工作就可以开始了。

我们有必要认识到，真正的罪魁祸首是妻子的父母自我状态，即她的母亲或祖母。丈夫在某种程度上只是被选中，在游戏中扮演他的角色。治疗师要抗争的，不仅是妻子的父母自我状态和深陷游戏中的丈夫，还有鼓励妻子屈服顺从的社会环境。报纸上刊登关于家庭主妇要扮演多少种角色的文章的那周，周日的报纸又刊登了"我做得怎么样"的测试：用 10 个题目来判断"作为一名女主人（妻子／母亲／主妇／家庭财务管理者）你有多好？"对于那些玩"忙碌"游戏的家庭主妇来说，这个测试相当于儿童游戏里附带的小册子，说明了游戏规则。这可能会加速"忙碌"游戏的发展，如果不制止，那么"忙碌"游戏将以"公立医院"游戏（"我最不想做的事情就是被送去医院"）结束。

对于这类夫妻来说，存在一个实际的困难，就是丈夫除了玩"看我多么努力"游戏之外，往往回避治疗。因为他通常比自己愿意承认的还要感到不安。相反，丈夫可能会通过发脾气向治疗师间接地传递信息，因为他知道妻子一定会将这些信息传递给治疗师。所以"忙碌"游戏很容易发展为挣扎在"生－死－离婚"间的三级游戏。精神科医生几乎总是单独站在"生"的这一边，只有"忙碌"患者的成人自我状态可以帮助他。而患者内在的父母自我状态与儿童自我状态、成人自我状态联合起来，一直处于与丈夫的三种自我状态的致命斗争中。这是一场胜算为 2 ：5 的激烈战斗，只有最专业、能摆脱游戏的治疗师能够应战。如果治疗师选择退缩，他可以走捷径，将患者送上离婚法庭。如果他这样做，相当于在说："我投降了，你来和他打一架吧。"

▌ 5. "要不是因为你"

正题。在本书第五章，已经对该游戏进行了详细分析。它是历史上"你为什么不——是的，但是"游戏后发现的第二个游戏。此前人们只是将"你为什么不——是的，但是"视为一种有趣的现象。随着对"要不是因为你"的进一步发现，很明显，这一定是一整套以隐蔽沟通为基础的社交行为。这个发现导致我们积极地对这类行为展开研究。本书的游戏汇编就是这些研究成果的一部分。

简而言之，一个女人嫁给了一个霸道的男人，他约束女人的活动，从而让她远离令她害怕的情况。如果这是一种简单的操作，那么当丈夫为妻子服务时，妻子可能会表达她的感激之情。然而，在"要不是因为你"游戏中，妻子的反应则恰恰相反：她利用这种情况抱怨丈夫对她的约束，这使丈夫感到不安，并且给了妻子各种获益。这个游戏是一种内在社交获益。外在社交获益是衍生出来的消遣方式——"要不是因为他"。妻子会与志同道合的女性朋友一起玩这种消遣。

▎ 6. "看我已经努力尝试了"

正题。在最常见的临床形式中，这个游戏是由一对夫妇和一位精神科医生一起玩的三人游戏。通常，丈夫费尽心思想离婚，却有相反的表现，他会大声地抗议离婚。妻子则真诚地想继续维持这段婚姻。丈夫不情愿地来到治疗师那里，他和治疗师刚好谈到足以向妻子证明他在配合的程度；通常，丈夫会玩一种比较温和的"精神病学"或"法庭"游戏。随着时间的推移，丈夫或对治疗师表现出更多的带有怨恨的伪顺从，或在治疗师面前变得更好斗善辩。一开始他在家里表现出更多的善解人意与克制，但最终他的表现比以往任何时候更糟糕。在 1 次、5 次或 10 次（次数由治疗师的技巧决定）会谈后，丈夫不愿再来，而选择去打猎或钓鱼。然后，妻子被迫提出离婚。现在，丈夫是"无辜"的，因为是妻子主动提出了离婚，而且他也通过去看治疗师表现出了自己的真诚。他可以轻松对律师、法官、朋友或亲戚中的任何人说："看我已经努力尝试了！"

反游戏。夫妻二人要一起去见治疗师。如果夫妻中的一方——比如是丈夫——显然在玩这个游戏，那么另一方可以去进行个体心理治疗，这样丈夫就会继续我行我素，因为他还没有准备好接受治疗。丈夫也可以选择离婚，但只能以放弃声称他真正在努力的正确位置为代价。如果有必要，妻子也可以提出离婚，她的位置会得到明显改善，因为她的确尽力了。这个游戏最好、最让人期待的结局是，丈夫的游戏被破坏了，他陷入一种绝望的状态，然后带着真正的目标向另一位治疗师去寻求治疗。

我们很容易在孩子身上观察到这个游戏的日常生活形式，孩子会与父母中的一方玩双人游戏。游戏玩家基于两种心理地位玩这个游戏——"我很无助"或"我是无可指责的"。孩子努力尝试了，但搞得一塌糊涂或失败了。如果他感到无助，父母必须替他完成。如果他是无可指责的，父母就没理由惩罚他。这就揭示了游戏的元素。父母必须明白两点：他们当中是谁教孩子玩这个游戏的；他们又是如何使这个游戏持续进行下去的。

这个游戏有一个有趣的变体——"看我过去多么努力"，但它有时是险恶的，通常是更严重的第二级或第三级游戏。这可以通过一个患有胃溃疡、努力工作的男人的例子来说明。许多患有渐进性疾病的人，都能尽他们所能应对这种情况，并以合理的方式得到家人的帮助。不过，这些症状也可能用于隐藏的目的。

第一级：一个男人向他的妻子和朋友宣布他得了胃溃疡，同时让他们知道自己在继续工作，这赢得了他们的赞赏。或许对于一个患有疾病的人来说，他有权以某种程度的炫耀，作为对自己痛苦的补偿。他没有玩"木头腿"游戏，还在继续承担自己的责任，因此应该得到合适的赞扬。在这种情况下，对于"看我现在多么努力"的礼貌回应是"是啊，我们都很佩服你的坚强和尽责"。

第二级：一个男人得知自己患有胃溃疡，但他对妻子和朋友们保密。他继续和从前一样尽职尽责地工作，终于有一天，他在工作中病倒了。当妻子得知后，立即收到"看我过去多么努力"的信息。现在，妻子被期待比以往任何时候都更感激丈夫，并且为她曾经对丈夫说过和做过的所有刻薄的事而感到愧疚。简单来说，丈夫之前所有向她求爱的方式都失败了，现在妻子应该爱他。对丈夫来说，不幸的是，这时妻子表现出的爱和关心更多是出于愧疚，而不是爱。在妻子的内心深处，可能满怀怨恨，因为丈夫通过隐瞒自己的病情不公平地利用了她。简而言之，首饰是比胃穿孔更真诚的求爱工具。她可以选择将首饰扔给他，却不能对胃溃疡视而不见。一场突然的重病，更可能让她感到被困住，而不是被赢得。

这种游戏通常在患者第一次听说自己可能患有渐进性疾病后立即被察觉。如果他想玩这个游戏，那么从那一刻起，他的脑海中很可能就已经闪现出了整个计划。通过仔细的精神病学检查，可以发现他的计划。我们会发现，在他的成人自我状态对疾病所引发的实际问题担心的背后，隐藏着他的儿童自我状态在得知自己拥有这样一件武器时的暗喜。

第三级：更危险、更具有恶意的游戏是因为患有严重疾病而导致的突然的未料到的自杀。丈夫的胃溃疡恶化为癌症，妻子从未被告知。某一天，妻子走进浴室，发现丈夫已经躺在那里自杀了。丈夫在遗言中写得很清楚——"看我过去多么努力"。如果这样的事情在同一个女人身上发生两次，那么对她来说，是时候知道自己在玩什么游戏了。

游戏分析

正题：我不能听任他们摆布。

目的：证明无罪。

角色：固执者、迫害者、权威。

心理动力：肛门期被动攻击。

范例：（1）孩子穿衣服；（2）夫妻寻求离婚。

社会层面的沟通：成人自我状态—成人自我状态。

成人自我状态："是时候穿好衣服去看心理治疗师了。"

成人自我状态："好的，我试试。"

心理层面的沟通：父母自我状态—儿童自我状态。

父母自我状态:"我打算让你穿好衣服 / 去看心理治疗师。"

儿童自我状态:"你看,这没什么用。"

步骤:(1)建议——抵抗;(2)压力——屈从;(3)赞同——失败。

获益:(1)内在心理获益——免于因攻击而产生的内疚;(2)外在心理获益——逃避家庭责任;(3)内在社交获益——"看我已经努力尝试了";(4)外在社交获益——"看我已经努力尝试了";(5)生理性获益——敌对的交流;(6)存在性获益——我很无助(我无可指责)。

▌7."亲爱的"

正题。这个游戏主要体现在婚姻团体治疗的早期阶段,这时,双方都有防御心理;该游戏也有可能出现在社交场合。怀特先生伪装成在说一件生活轶事的样子,对怀特太太进行了委婉的批评,并在最后说:"是不是这样,亲爱的?"怀特太太倾向于同意这个说法,她有两个表面上的成人自我状态的理由:(1)怀特先生基本上准确讲述了这件生活轶事,对于作为次要细节呈现的内容表示反对(这实际是沟通整个事件的关键点)显得迂腐;(2)在公众场合反对一个称呼自己为"亲爱的"的男人会显得很失礼。然而,怀特太太表示同意怀特先生的话,其心理原因是她抑郁的心理地位。怀特太太之所以嫁给这个男人，正是因为她知道这个男人会为她提供服务：暴露她的不足之处，从而使她免于遭受自己暴露这些不足之处的尴尬。在幼年的时候，她的父母就是这么对待她的。

"法庭"游戏之外，这是婚姻团体里最常见的游戏。局势越紧张，游戏越接近于暴露，"亲爱的"这个词的发音就越充满痛苦，直到潜在的怨恨变得显而易见。经过仔细研究，我们可以看出，这是"笨手笨脚的人"的相关游戏，因为其中一个重要举动是怀特太太不动声色地宽恕了怀特先生的怨恨，她努力不意识到这一点。所以，对抗"亲爱的"游戏的方法，类似于对抗"笨手笨脚的人"的方法："你可以说一些贬损我的轶事，但请不要叫我'亲爱的'。"这个反游戏带有和"笨手笨脚的人"的反游戏同样的危险性，所以更成熟且安全的对抗方法是回答："是的，亲爱的。"

另一种形式是妻子没有表示认同，而是用类似"亲爱的"的方式来回应丈夫，讲讲丈夫的轶事。实际上是在说："你的脸也不干净，亲爱的。"

在游戏中，有时并不会说"亲爱的"这种词汇，但即使它们没有被说出，细心的听众也能够听出来，这就是沉默型"亲爱的"游戏。

第八章　聚会游戏

Party Games

聚会是为了消遣，而消遣也是为了聚会（包括团体聚会正式开始前的那段时间）。随着聚会参与者越来越了解彼此，开始出现游戏。"笨手笨脚的人"与他的受害者互相识别对方，就像"老大"和"弱小的我"也能够互相识别一样，所有熟悉但被忽视的人际筛选过程开始了。在本章中，我们要讨论的是普通社交场合中的四种代表性游戏："这难道不糟糕吗""瑕疵""笨手笨脚的人"和"你为什么不——是的，但是"。

1. "这难道不糟糕吗"

正题。它主要有四种重要的形式：父母自我状态的消遣、成人自我状态的消遣、儿童自我状态的消遣和游戏。作为消遣，它没有结局，也没有报偿，但会产生许多没价值的感受。

（1）"现如今"是一种自以为是的、惩罚性的，甚至是恶毒的父母自我状态的消遣。从社会学上讲，某类有少量独立收入的中年妇女经常进行这种消遣。有这样一位女士退出了治疗团体。退出的原因是，她在治疗团体中的开场动作得到的回应是沉默，而不是她在社交圈所习惯的热情的确认。在这个更成熟、熟悉游戏分析的群体中，怀特发表见解时显然缺少团结意识，他说："说起人与人之间缺乏信任这件事，这也难怪，现如今你谁都不能相信。我才查看了一位房客的桌子，你们肯定想不到我发现了什么。"她知道现在大多数社会问题的答案：青少年犯罪（现如今父母太软弱了）；离婚（现如今没有足够的事让妻子忙碌）；犯罪（现如今有很多外国人搬入白人居住区）；物价上涨（现如今的商人都贪得无厌）。她明确表明自己的态度：不管是堕落的儿子还是行为不端的房客，她绝不会给予任何同情。

　　"现如今"和闲言碎语的区别在于，前者的口号是"这也难怪"。它们的开场动作可能是相同的（"他们说弗洛西·穆加特罗伊德先生……"），但"现如今"有明确的方向和结尾，并可能给出"解释"，闲言碎语却只是漫无目的的闲聊或者不了了之。

　　（2）"皮肤破了"则是更仁慈的成人自我状态的消遣，其口号是"这多遗憾啊！"，虽然潜在的动机依然是病态的。"皮肤破了"主要与流血有关，从本质上说，这种消遣是一种非正式的"临床讨论会"。任何人都有陈述案例的资格，越耸人听闻越好，就连细节都被热切关注。脸被打、做腹部手术和难产都是可以接受的话题。这些与闲言碎语的区别是竞争性和手术的复杂性。病理解剖、诊断、预后和案例对照是系统进行的。一个好的预后在闲言碎语中是被认可的，但在"皮肤破了"的消遣中，除非表现出明显的不诚恳，否则对前景始终充满希望会引起"资格审查委员会"的秘密探讨，因为他们发现玩家"不是共犯"。

（3）"饮水机旁"或"茶歇时间"是儿童自我状态的消遣，其口号是"看看他们正在对我们做什么"。这种消遣是一种组织性变体。夜幕降临后，可能会玩这个消遣的一种更温和的政治或经济形式，被称为"酒吧的凳子"。事实上，它是一种三人消遣，王牌通常握在暗处被称为"他们"的人物手中。

（4）作为一种游戏，"这难道不糟糕吗"在多次手术成瘾者身上体现得最具有戏剧性，他们的交流说明了这个游戏的特点。有一类"四处看病的人"，即便面对医生的合理反对，他们依然会积极寻求做手术。住院治疗和手术经历本身就能带来好处。该游戏中，游戏者的内在心理获益来自身体受损；外在心理获益是除了完全服从医生以外避免了一切亲密关系和责任；典型的生理性获益是得到照顾；游戏者的内在社交获益来自医护人员和其他患者。患者出院后，通过引起他人的同情和敬畏来获得外在社交获益。这个游戏的极端形式来自职业玩家，即那些欺诈者或责任确定后医疗差错的索赔者。他们可能通过故意或借机让自己伤残谋生。然后，他们不仅像业余玩家那样要求得到同情，还要求金钱上的赔偿。如此"这难道不糟糕吗"便成为一种游戏，玩家公开表达痛苦，却为自己能在不幸中获得满足而暗自高兴。

通常，不幸的人可以分成三种类型。

（1）他们承受的苦难是因为疏忽所致，他们并不想要。他们可能会利用别人提供的同情，也有可能不会。有所利用也十分自然，并带着一般性的礼貌。

（2）对他们来说，痛苦是因为疏忽所致，但因为它提供了利用别人的机会，所以对此充满感激。这里的游戏是事后的想法，在弗洛伊德看来，这是一种"二级获益"。

（3）那些主动寻求痛苦的人，就像多次手术成瘾者那样，从一个外科医生换到另一个外科医生，直到找到医生愿意给他们做手术。这种情况，我们首先要考虑的是他们在玩游戏。

▌ 2. "瑕疵"

正题。日常生活中，大部分琐碎分歧都来源于这个游戏。

这个游戏是以"我不好"的抑郁的儿童自我状态心理地位来玩的。为了自我保护，游戏者会把"我不好"的儿童自我状态心理地位转换为"他们不好"的父母自我状态心理地位。

接下来，游戏者所遇到的沟通性问题，会证明后一个论点。因此，玩"瑕疵"游戏的人，在找到新朋友的缺点之前，会觉得很不自在。该游戏最激烈的形式是由具有独裁气质的人玩的极权主义政治游戏，其结果可能会产生严重的历史影响。显然，它与"现如今"紧密相关。郊区社群的居民通过玩"我做得怎么样"来获得积极的安慰，而"瑕疵"游戏提供消极的安慰。以下的部分分析能让这个游戏的某些元素更加明晰。

挑剔的内容，可能从最琐碎和最不重要的事（"去年帽子的款式"），到最愤世嫉俗的事（"银行存款还不到 7000 美元"）、最险恶的事（"他不是纯正的雅利安人"）、最难懂的事（"他没有读过里尔克*的诗"）、最亲密的事（"无法控制勃起"）、最复杂的事（"他想证明什么？"）都存在。从心理动力学角度看，该游戏通常建立在对性不安的基础上，游戏的目的是找到安全感。从沟通分析的角度来看，该游戏有时涉

---

* 勒内·玛利亚·里尔克（Rainer Maria Rilke），20 世纪最有影响的德语诗人。

及窥视隐私、病态的好奇心或警惕性。游戏者有时会用父母
自我状态或成人自我状态慷慨的关心来掩饰儿童自我状态的
兴趣。它有避开抑郁的内在心理获益，也有避开可能暴露怀特
自身缺陷的亲密关系的外在心理获益。怀特认为，拒绝一个不
时髦的女人、一个没有钱的男人、一个非雅利安人、一个文
盲、一个性冷淡的男人或一个没有安全感的人，都是合情合理
的。同时，窥视隐私又带来一些伴随生理性获益的内在社交获
益。外在社交获益是"这难道不糟糕吗"家族的邻居类型。

还有一个有趣的现象是，怀特选择挑剔的内容，与他的
智力或者他外在的世故毫无关联。一位在本国外交部门负责
过外交事务的官员对听众说另一个国家是低等国家，除了别
的原因外，就因为该国的男人穿着袖子过长的夹克衫。他处
于成人自我状态时能力非凡，只有当他玩类似于"瑕疵"这
样的父母自我状态游戏时，才会提到如此无意义的内容。

▎3. "笨手笨脚的人"

正题。"笨手笨脚的人"并非德国诗人阿德尔伯特·冯·夏
米索（Adelbert von Chamisso）在小说 [1]《彼得·施莱米尔的
神奇故事》（*Peter Schlemihls: wundersame Geschichte*）中的主
角，那个失去影子的人，而是一个常用的犹太语词汇，与德

语和荷兰语中的狡猾词义有关。该游戏的受害者，倒是像法国小说家保罗·德·科克（Paul de Kock）笔下的"好脾气的家伙"[2]，通俗地说是"倒霉鬼"。

典型的"笨手笨脚的人"游戏的行动步骤如下。

（1W）怀特不小心把一高杯酒洒在女主人的晚礼服上。

（1B）布莱克（男主人）最初的反应是愤怒，但他隐约意识到，如果他显得很生气，那么怀特就会获胜。所以布莱克振作起来，这使他产生一种获胜的错觉。

（2W）怀特说："对不起。"

（2B）布莱克喃喃自语或哭喊着表示原谅怀特，这让他更加觉得自己获胜了。

（3W）怀特继续破坏布莱克的物品。他打碎东西，使东西洒出，制造各种混乱。在他用香烟烧坏桌布、用椅子腿刺破花边窗帘、把肉汁洒在地毯上之后，他的儿童自我状态越来越兴奋，因为他在做这些时获得了快乐，而且所有这些也都得到了原谅，而布莱克也令人满意地展示出他的自制力。因此他们都能从这个糟糕的情境中获益，而且布莱克也未必急着终止两个人的友谊。

像大部分游戏一样，游戏发起者怀特无论怎样都能取得胜利。如果布莱克没有控制住怒火，怀特就会觉得回击对方的不满是理所当然的；如果布莱克控制住怒火，那么怀特就会继续享受他的机会。然而，在这个游戏中，真正的回报并不是搞破坏带来的乐趣（对怀特来说，这只是额外奖励），而是他获得原谅的事实。这直接通往这个游戏的反游戏。

反游戏。可以通过拒绝提供其想要的原谅来对抗"笨手笨脚的人"游戏。在怀特说完"对不起"后，布莱克不要小声说"没关系"，而要说："今天晚上你可以让我的妻子尴尬、损坏家具、毁掉地毯，但请不要说'对不起'。"此时，布莱克从宽容的父母自我状态转换为客观的成人自我状态，对起初邀请了怀特这件事承担全部责任。

我们可以从怀特的反应，看出怀特玩的这个游戏的强度，这可能相当具有爆发性。对抗"笨手笨脚的人"游戏，将会面临遭到报复的风险，或至少有树敌的风险。

儿童通过失败的方式玩"笨手笨脚的人"游戏，他们并不总会得到原谅，但至少可以获得制造混乱的快乐。然而，在社会化之后，他们就可能利用自己的老练来获得原谅，这是在礼貌的成人社交圈玩这个游戏时的主要目标。

游戏分析

正题：我可以闯祸，依旧能获得原谅。

目的：谅解。

角色：攻击者和受害者（俗称"笨手笨脚的人"和"倒霉鬼"）。

心理动力：肛欲攻击。

范例：（1）搞破坏的孩子；（2）笨手笨脚的客人。

社会层面的沟通：成人自我状态—成人自我状态。

成人自我状态："因为我有礼貌，所以你也必须有礼貌。"

成人自我状态："好的，我原谅你。"

心理层面的沟通：儿童自我状态—父母自我状态。

儿童自我状态："你必须原谅那些看似偶然的事情。"

父母自我状态："你说得对，我必须告诉你什么是有礼貌。"

步骤：（1）挑衅—愤恨；（2）道歉—原谅。

获益：（1）内在心理获益——弄乱的乐趣；（2）外在心理获益——避免受到惩罚；（3）内在社交获益——"笨手笨脚的人"；（4）外在社交获益——"笨手笨脚的人"；（5）生理性获益——挑衅的和温和的安抚；（6）存在性获益——我是无可指责的。

▍ 4."你为什么不——是的，但是"

正题。"你为什么不——是的，但是"在游戏分析中的地位很特殊，因为游戏概念的产生最初正是受到它的启发。它是从社交背景中分离出来的第一个游戏，由于它是最早的游戏分析对象，所以它也是目前理解得最透彻的游戏之一。此外，它也是最常在各种团体和聚会中玩的游戏，包括心理治疗团体。下述例子将说明其主要特征。

怀特："我丈夫总是坚持自己修理家里的东西，但他从来没有修好过任何东西。"

布莱克："他为什么不上木工课呢？"

怀特："是的，但是他没时间。"

布鲁："你为什么不给他买些好用的工具呢？"

怀特："是的，但是他不会使用这些工具。"

瑞德："你为什么不请木匠来修呢？"

怀特："是的，但是请木匠太贵了。"

布朗："你为什么不接受他按自己做事情的方式做出的东西呢？"

怀特："是的，但是如果这样，整栋房子有可能塌掉。"

这样的交流之后通常会紧跟着沉默。最后，格林打破沉默，她可能会说："这就是男人，他们总是用这种方式试图展示自己有多厉害。"

玩"你为什么不——是的，但是"游戏的人数不限。游戏发起者提出一个问题，其他人开始提供解决方法，每个人都以"你为什么不……"开头，怀特对每个人的回应都以"是的，但是……"表示拒绝。一个优秀的玩家可以无限否定他人的建议，直到他们都放弃，接着怀特就获胜了。在很多情况下，她可能需要处理十多个建议才能创造出垂头丧气的沉默。这种沉默意味着她获得了胜利。在以上沟通模式下，这种沉默也为下一个游戏创造了契机，格林转入失职丈夫型的"家长会"。

解决方案被否定了，除少数的例外，显然，这个游戏必然服务于一些隐蔽的目的。玩"你为什么不——是的，但是"游戏的人，并不是为了它表面的目的（成人自我状态寻求信息或解决方式），而是为了安抚和满足儿童自我状态。如果仅看文字，感觉像成人自我状态，然而，在真实情境下，我们可以观察到怀特表现出一种软弱无能的儿童自我状态，无法应对眼前的状况。因此，其他人开始转入明智的父母自我状态，为了帮助怀特，急于分享自己的人生智慧。

图8呈现了整个游戏过程。这个游戏之所以可以进行，是因为在社会层面上，刺激和回应都是成人自我状态对成人自我状态，而在心理层面上，它们也是互补的，即父母自我状态向儿童自我状态发出刺激（"你为什么不……"），引出儿童自我状态对父母自我状态的回应（"是的，但是……"）。对于两者来说，心理层面上的沟通往往是无意识的，但是敏锐

的观察者能够从游戏者的姿势、肌肉状态、声音及用词的变化中察觉到双方自我状态的转换。（怀特是从成人自我状态转向能力不足的儿童自我状态，其他人则是从成人自我状态转向智慧的父母自我状态。）

为了进一步阐明这个游戏的含义，我们有必要跟进上述案例，这是很有指导意义的。

治疗师："有没有人提出你没有想到的建议呢？"

怀特："没有。事实上，我几乎尝试了他们建议的所有方法。我确实给丈夫买了一些工具，他也的确去上过木工课。"

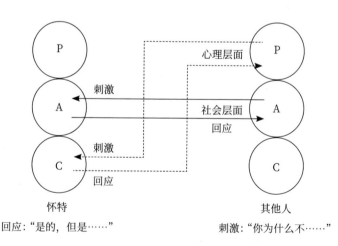

图 8 "你为什么不——是的，但是"

在这里，怀特展示了为什么不能从表面上对待她的行为的原因。首先，在大多数情况下，怀特和其他人一样聪明，所以别人能想到的方法，她自己也能想到。假如有人碰巧想出了新的办法，如果怀特在公平地玩游戏，那么她就会心怀感激地接受新的建议。也就是说，如果在场的人的建议足够有创意，激发她的成人自我状态，那么她无能的儿童自我状态就会让步。然而，"你为什么不——是的，但是"的习惯性玩家，比如上面的怀特，很少公平地玩游戏。另外，如果玩家们太容易接受建议，也会让人怀疑该游戏是否在掩盖潜藏的"愚蠢"游戏。

这个例子特别戏剧化，因为它清楚地说明了第二个原因。即使怀特真的尝试了所提出的一些解决方案，她仍然会反对它们。所以，这个游戏的目的不是为了得到建议，而是为了拒绝它们。

由于这个游戏具有结构化时间的功能，几乎每个人都会在适当的情况下玩这个游戏。仔细研究特别喜欢这个游戏的人，我们可以看到一些有趣的特点。首先，他们非常典型地可以并且愿意扮演游戏中的任何一方，这种角色的可切换性存在于所有游戏中。玩家可能更喜欢其中的某个角色，但他们也能够随时转换，并且出于某些原因，他们愿意在同一游戏中扮演任何角色（比如，在"酒鬼"游戏中，酗酒者转换为拯救者）。

其次，通过临床实践发现，喜欢玩"你为什么不——是的，但是"的人，属于最终会要求用催眠或注射某种催眠性药物的方法来加速治疗的患者。当他们在玩这个游戏时，他们的目标是证明没有人能给他们一个可接受的建议——这也意味着，他们永远都不会屈服；而他们又要求治疗师能够把自己置于一种完全屈服的状态。因此，"你为什么不——是的，但是"游戏代表了一种解决屈服与否矛盾的社交性方法。

更具体地说，这个游戏在那些害怕脸红的人中很常见，正如以下治疗对话所示。

治疗师："如果你知道这个游戏是一个骗局，为什么还要玩这个游戏？"

怀特："如果我在和别人说话，我就必须不停地思考自己要说的话。如果我不这样做，就会脸红。除非是在黑暗环境中。我无法忍受安静。我知道自己的情况，我丈夫也知道。他总是这样告诉我。"

治疗师："你的意思是，假如你的成人自我状态不忙碌，那么你的儿童自我状态就会借机活跃，这让你感觉很尴尬？"

怀特："正是如此。所以，如果我能不断地向别人提出建议，或者让别人给我提出建议，我就不会觉得难受，我感觉自己是受到保护的。只要我能控制住我的成人自我状态，我就可以推迟尴尬。"

　　在这个案例中，怀特清楚地表明她恐惧没有结构化的时间。只要她的成人自我状态在社交场合中保持忙碌的状态，就能避免儿童自我状态出现。这个游戏恰好为成人自我状态的活动提供了适当的结构，但这个游戏必须有适当的动机，才能保持她的兴趣。怀特对游戏的选择受到了经济原则的影响：对于她的儿童自我状态所表现出的躯体被动的冲突，该游戏带来最大化的内在与外在获益。她能够以同样的热情来扮演不服从支配的、聪明的儿童自我状态，或者试图支配别人的儿童自我状态的智慧的父母自我状态，但都会失败。由于该游戏的基本原则是不接受任何建议，所以父母自我状态永远不会成功。该游戏的座右铭就是："别紧张，父母自我状态永远不会成功。"

　　总之，对怀特来说，尽管游戏的每一步都非常有趣，但在拒绝他人的建议时没有带给她一丝快乐。当所有人绞尽脑汁、厌倦于思考可行性解决方案时，该游戏真正的回报是沉默或紧随其后被掩饰的沉默。对怀特及其他人来说，表明他们也同样不能解决问题，这就意味着怀特已经获胜了。如果沉默无法被掩饰，它可能会持续几分钟。在上述案例中，格林切断了怀特短暂的胜利，因为她渴望开始自己的游戏，这使她没有陷入怀特的游戏。在随后的团体会议中，怀特表达了对格林的怨恨，因为格林缩短了自己胜利的时间。

"你为什么不——是的，但是"游戏的另一个奇特之处，就是人们玩内在游戏和外在游戏的方式完全相同，角色则相反。在该游戏的外在形式中，通过临床观察，在很多人的场合中，怀特的儿童自我状态出来扮演了不成熟的求助者角色。在该游戏的内在形式中，怀特在家中和她的丈夫玩更亲密的双人游戏，此时她的父母自我状态会出来扮演一位聪明的、有效的建议提供者。不过这种角色的转换一般是后面才发生的，因为在恋爱中，怀特常常处于一种无助的儿童自我状态，只有在蜜月期结束后，她那独断的父母自我状态才会出现。随着婚礼的临近，她有时也会出现角色的转换，但她的未婚夫因太渴望和他精心挑选的新娘安顿下来，而忽略了这种转换。如果他没有忽略这种转换，婚礼可能会因为一些"正当的理由"而被取消。此时的怀特会更加伤心而不是更加明智，她会继续寻找下一个合适的对象。

反游戏。显然，那些在怀特进行了第一步（提出问题）时就做出回应的人，是在玩"我只是想帮你"游戏。实际上，"我只是想帮你"和"你为什么不——是的，但是"游戏是相对的。在"我只是想帮你"游戏中，有一位治疗师和很多来访者；在"你为什么不——是的，但是"游戏中，有一位来访者和多位治疗师。因此，在临床治疗中，对抗"你为什么不——是的，但是"的方法，就是不玩"我只是想帮你"游戏。如果游戏的开场是"如果……你会怎么做"，建议的回答是："这是一个很难的问题，你打算怎么做？"如果游戏的开场是"某人没有解决问题"，那么对此的回答是"这可太糟糕了"。这两种回答都很有礼貌，让怀特不知所措，或至少能引发交错沟通。如此一来，怀特的挫败感就会显露出来，并能够被探讨。在团体治疗过程中，对于那些容易受影响的病人，这是很好的做法，以防止他们在被邀请玩"你为什么不——是的，但是"游戏时陷入其中。不只是怀特，其他成员也能从对抗"你为什么不——是的，但是"中获益。换句话说，对抗玩"你为什么不——是的，但是"游戏与对抗玩"我只是想帮你"游戏的方法是相同的。

在社交场合，如果这个游戏是友好且没有坏处的，那么就没有理由不参与其中。但如果游戏者试图探讨专业知识，可能有必要采取相反的步骤；但这种情况可能由于暴露了怀特的儿童自我状态而引发怨恨。所以此时最好在游戏开场时就退出，去玩一个更刺激的一级挑逗游戏。

相关游戏。必须将"你为什么不——是的，但是"游戏与它的反游戏"你为什么这样做——我也不想，但是"区分开。

在后一种游戏中，获胜的一方总是父母自我状态，防御性的
儿童自我状态最终会在混乱中退出游戏。虽然对话从字面上
听起来可能在寻求真实、理性，是成人自我状态对成人自我
状态的沟通。"你为什么这样做——我也不想，但是"和"此
外还有"密切相关。

"你为什么不——是的，但是"的反游戏在一开始类似于
"乡下人"游戏。这时，怀特引诱治疗师给她建议，并且立刻
接受，而不是拒绝。只有当治疗师深深卷入其中后，他才意
识到原来怀特是在攻击他。起初看起来像"乡下人"的游戏，
最终以智力上的"挑逗"游戏结束*。这个过程最经典的版本是
正统精神分析治疗理论中从正向移情向负向移情的转换。

这个游戏也可以以第二级激烈的形式"你能拿我怎么样"
来玩**。例如，患者拒绝做家务。每天晚上当丈夫回家后，都会
上演"你为什么不——是的，但是"游戏。但不管丈夫说什
么，她都郁郁寡欢地拒绝改变自己的生活方式。在某些情况
下，妻子的郁郁寡欢可能有严重的问题，需要接受仔细的精
神评估。然而，游戏方面的原因也必须考虑，因为其中有一

---

* 一开始表现得言听计从，百般吹捧，然后通过"挑逗"让对方暴露缺
　点，并对其表示失望，最后将对方"踢开"。
** "我就是不做，你能拿我怎么样。"

些疑问：丈夫为什么会选择这样一个伴侣，以及他对于维持这种情况有什么贡献。

游戏分析

正题： 看你能否提出一个让我挑不出毛病的解决方法。

目的： 获得安全感。

角色： 无助者、建议者。

心理动力： 屈从于冲突（口欲期）。

范例：（1）是的，但我现在不能做家庭作业，因为……（2）无助的妻子。

社会层面的沟通： 成人自我状态—成人自我状态。

成人自我状态："如果……你会怎么做……"

成人自我状态："你为什么不……"

成人自我状态："是的，但是……"

心理层面的沟通： 父母自我状态—儿童自我状态。

父母自我状态："我会让你对我的帮助心怀感激。"

儿童自我状态："好啊，试试看。"

步骤：（1）问题—解决;（2）反对—解决;（3）反对—窘迫。

获益：（1）内在心理获益——安全感;（2）外在心理获益——避免屈从;（3）内在社交获益——"你为什么不——是的，但是"，父母自我状态角色;(4)外在社交获益——"你为什么不——是的，但是"，儿童自我状态角色;(5)生理性获益——理性地讨论;(6)存在性获益——每个人都想控制我。

第九章 性游戏

Sexual Games

　　有些游戏是为了利用或对抗性冲动的。从本质上来说，这些游戏是性本能的倒错。在这些游戏中，游戏者不再通过性行为来满足性需求，而是从关键沟通（游戏回报）中获得。这个观点不是总能令人信服地得到证明，因为这样的游戏通常是隐蔽进行的，我们只能间接地获取临床信息，而且信息提供者的偏差不能得到令人满意的评估。例如，同性恋的精神病学概念是被严重扭曲的，因为更多主动者和成功的"参与者"并不经常接受精神病学治疗，而可获得的材料大多来自被动的伴侣。

　　性游戏包括"你来和他斗吧""性倒错""挑逗""丝袜游戏""吵闹"。在大多数情况下性游戏的主角是女性。这是因为在最激烈的性游戏中，男性可能已经接近于或已经构成犯罪，更可能属于黑社会游戏。此外，性游戏和婚姻游戏互有重叠的内容，不过本章所描述的性游戏，无论是对未婚人士还是已婚人士都适用。

▎1."你来和他斗吧"

正题。"你来和他斗吧"或许是一种策略、一种仪式或是一种游戏。从本质上来说，这种游戏有女性化的心理特征。由于该游戏非常具有戏剧性，它是世界上很多文学作品的基础，包括好的和坏的。

（1）作为一种策略，它是浪漫的。一个女人操纵或挑战两个男人为了她而展开竞争，并暗示或承诺她将把自己献给获胜者。当这场竞争决出胜负后，这个女人就会履行自己的承诺。这是诚实的沟通，其假设是她和伴侣从此幸福地生活。

（2）作为一种仪式，它往往是一场悲剧。风俗要求两个男人为她而决斗，即使她不希望他们这样做，甚至她心中已经做出了选择。如果获胜的一方并不是她爱的男人，她也必须嫁给这个人。在这种情况下，发起者并非她本人，而是她所处的社会。如果她愿意接受这种风俗，那么这个仪式里的沟通就是诚实的；如果她不甘愿或失望，那么这场决斗的结果可能会为她提供相当大的玩游戏的空间，比如"让我们来欺骗乔伊"。

（3）作为一个游戏，它是喜剧性的。一个女人安排了这场决斗，当两个男人正在决斗时，她却和第三个男人私奔了。对她和私奔的对象而言，该游戏的内在和外在心理获益源于

这样一种立场：只有傻瓜才会诚实地竞争，而他们所经历的
这个喜剧故事构成了内在和外在社交获益的基础。

2."性倒错"

正题。异性恋的性倒错，如恋物癖、施虐狂和受虐狂，是
困惑的儿童自我状态的症状，这些症状都可以得到相应的治
疗。然而，这些性倒错在沟通方面的问题，和在真实性情境
中表现出来的一样，可以借助游戏分析的方法来治疗。游戏
分析可能会导致社交控制，如此一来，即便倒错的性冲动没
有得到改变，就实际被关注的放纵而言，它们也会被消除。

对于那些患有轻度性虐狂或受虐狂的人来说，他们通常
怀着一种原始"心理健康"的态度来看待自己的问题。他们
认为自己的性欲过强，而长期的禁欲会导致严重的后果。这
个结论不一定正确，但他们以此为借口构成了玩"木头腿"
游戏的基础："对于我这种性欲强烈的人来说，你们还指望我
怎么样呢？"

反游戏。向自己和伴侣展示基本的礼貌，在言语或者身体
上都要加以控制，使自己的性交方式更加保守。假如怀特是
一个真正的性倒错游戏者，这将揭示游戏的第二元素。这一
点经常在他的梦里清晰地表达出来：怀特对性交本身没有什

么兴趣，他真正的满足来自羞辱性的前戏，但怀特可能没有留意也并不承认这一点。但现在他将清晰地知道，他的抱怨是"所有前戏做完后，我还得进行性交"。这个情况更有利于特定的心理治疗，再多的辩解和逃避也没用。在临床中，这种治疗适用于一般的"性心理变态者"，不适用于恶性精神分裂症或犯罪型性倒错，也不适用于那些将性活动局限于幻想中的人。

　　"同性恋"游戏在许多国家已经发展成一种亚文化，就像在其他国家被仪式化了一样。同性恋导致的许多残疾问题就源于把它当成了游戏。引发"警察和强盗""为什么这种事总发生在我身上""这就是我们所生活的社会""所有伟大的人都曾"等游戏的挑衅行为，应该受到社会控制，这样才能将不利影响降到最低限度。"职业同性恋者"浪费了大量时间和精力，而这些时间和精力本可以用于其他目的。对他的游戏进行分析，可以帮助他建立安稳的家庭，使他可以享受社会提供的中产阶级福利，而不是玩他的各种"这难道不糟糕吗"游戏。

▍3."挑逗"

　　正题。这是一个男人和女人之间的游戏，其更礼貌的说法，至少是比较温和的形式是"拒绝"或"愤慨"。这个游戏有不同激烈程度的玩法。

（1）第一级"挑逗"游戏或"拒绝"游戏，在社交聚会上很受欢迎，基本上是温和的调情。怀特表示她可以被追求，并会从男人的追求中获得快乐。然而，一旦这个男人动了真心，游戏就戛然而止了。如果她有礼貌，可能会坦率地说："我感激你的赞美，非常感谢。"然后继续去征服下一个男人；如果怀特不够大度，她可能会直接离开他。在大型的社交聚会中，一位老练的"挑逗"游戏玩家可以通过频繁走动来延长游戏时间，使男人采用更复杂的策略追求她，又不会太明显。

（2）在第二级"挑逗"游戏或"愤慨"游戏中，怀特从布莱克的追求中只得到了次要满足。她的主要满足来自拒绝他，所以这个游戏俗称为"老兄，滚开"。在第二级"挑逗"游戏中，怀特把布莱克引入更认真的投入状态之中，比第一级"挑逗"游戏中的调情严肃得多，并非常享受看到布莱克被自己拒绝后失沮丧的样子。不过，布莱克并不像他看上去那么无助，因为为了卷入游戏之中，他之前可能已经招惹过很多麻烦。他往往会玩"来踢我"游戏的某个版本。

（3）第三级"挑逗"游戏，是一种以谋杀、自杀或法庭定罪结束的恶性游戏。怀特引诱布莱克与自己进行有失体面的身体接触，然后声称他进行了犯罪攻击或对她造成了不可弥补的伤害。在该游戏最愤世嫉俗的形式中，怀特为了在与他对质前获得享受，可能确实同意和布莱克发生性关系。这种对质可能立即发生，比如哭诉他强暴了自己，也可能延迟很久，比如恋爱很久之后自杀或杀人。如果怀特选择从强奸角度玩这个游戏，那么她很容易找到唯利是图或对此怀有病态兴趣的同盟者，比如，新闻记者、警察、法律顾问和亲戚。不过这些局外人可能会讽刺地攻击她，以致她丧失主动权，成为他们游戏的一个工具。

在某些情况下，这些局外人会发挥不同的功能。怀特并不愿意，但他们迫使这个游戏进行下去，因为他们想玩"你来和他斗吧"游戏。他们使怀特置于这样一种处境——为了挽回她的面子或声誉，她必须哭诉布莱克强暴了她。这种情况往往容易发生在未成年女孩身上。她们可能愿意和布莱克继续私通，但因为被人发现或被借题发挥，使她们不得不把浪漫的事转变为第三级的"挑逗"游戏。

在一个众所周知的情境中，机警的约瑟拒绝被诱骗进"挑逗"游戏，波提乏的妻子随之做出了经典的转换，转而玩"你来和他斗吧"游戏。这是个关于强硬的游戏玩家在面对反游戏时会作何反应的绝好例子，也是关于困扰拒绝玩游戏者的那些危险的例子。这两个游戏结合在一起，就构成了著名的"美人计"游戏。在这个游戏中，怀特引诱布莱克，然后控诉布莱克强奸了她。此时，她的丈夫出面处理，辱骂布莱克，并索要钱财。

第三级"挑逗"游戏最不幸、最激烈的形式之一，通常出现在两个陌生的同性恋者之间。他们在一小时左右的时间里就可能使游戏发展到杀人的程度。我们在报纸上看到的那些骇人听闻的报道，有许多都是该游戏愤世嫉俗和涉及犯罪的变体。

"挑逗"游戏的童年期原型与"性冷淡的女人"游戏的原型相同。小女孩引诱小男孩做出羞辱自己或下流的事，然后嘲笑他。正如毛姆在《人性的枷锁》（Of Human Bondage）一书中的经典描述，狄更斯在《远大前程》（Great Expectations）里也特别提到。这是第二级游戏，而更接近于第三级游戏的更激烈的形式可能发生在治安很差的居民区。

反游戏。一个男人避免参与游戏或控制游戏的能力，取决于他区分真实的情感表达和游戏中的行动的能力。如果他能够控制社交，那么他就能从"拒绝"游戏的温柔调情中得到许多乐趣。另一方面，设想一个安全的反游戏来对付波提乏妻子的花招儿并不容易，除了在关门前退房，不留下任何联系方式，没有更好的办法。

相关游戏。臭名昭著的男性版本"挑逗"游戏，往往出现在商务场合："潜规则"（之后女性并没有得到他）和"拥抱"
（之后她被解雇了）。

游戏分析

以下是对第三级"挑逗"游戏的分析，因为其游戏的元素展现得更具戏剧性。

目的：恶意报复。

角色：女性引诱者、色狼。

心理动力（第三级游戏）：阴茎嫉妒、口欲期暴力。"拒绝"与生殖器有关，而"愤慨"有很强的肛欲期元素。

范例：（1）我要揭发你，你这个下流小孩；（2）受委屈的女人。

社会层面的沟通：成人自我状态—成人自我状态。

成人自我状态（男性）："非常抱歉，如果我比你预期的过分了。"

成人自我状态（女性）："你侵犯了我，你必须付出惨痛代价。"

心理层面的沟通：儿童自我状态—儿童自我状态。

儿童自我状态（男性）："你看我多么有魅力。"

儿童自我状态（女性）："我可逮到你了，你这个混蛋。"

步骤：（1）女性—引诱；男性—回应诱惑；（2）女性—屈从；
男性—胜利；（3）女性—对峙；男性—崩溃。

获益：（1）内在心理获益——表达敌意，投射内疚；（2）外在
心理获益——回避充满感情的性亲密；（3）内在社交获益——
"我可逮到你了，你这个混蛋"；（4）外在社交获益——"这难
道不糟糕吗""法庭""你来和他斗吧"；（5）生理性获益——
性和攻击性交换；（6）存在性获益——我是无可指责的。

4."丝袜游戏"

　　正题。该游戏和"挑逗"游戏属于同一类，它最明显的
特点是暴露癖，在本质上是歇斯底里。一个女人加入一个陌
生的团体，不一会儿便抬起腿，用一种挑衅的方式暴露自己，
说："天哪，我的丝袜脱线了！"这么做是为了激起男人的性
欲，同时让其他女人生气。当然，任何对抗都会遭到怀特表
示无辜的抗议或反诉，因此，这很像经典的"挑逗"游戏。
"丝袜游戏"更突出的特点是怀特缺乏适应能力。她很少等待
以便弄清楚自己交往的是什么人，或者想好如何为实施自己
的策略安排时间。因此，她的行为很不恰当，并且影响了她
与朋友的关系。尽管有一些肤浅的"老练"，但她并不理解自
己生活中发生的事情，因为她对于人性的判断太愤世嫉俗了。

她的目的是证明别人有淫秽的想法，而她的成人自我状态被儿童自我状态和父母自我状态（往往是淫荡的母亲）欺骗，造成她既忽视了自身的挑逗行为，也忽视了她遇到的很多人的正确决策力。因此，"丝袜游戏"往往具有自我破坏性。

上述的"丝袜游戏"可能是性器期变体，其满足感取决于潜在的干扰。口欲期变体往往由有更深的病理、胸部更丰满的女性展现。这样的女性在坐着的时候，常常把手放在后脑勺，从而凸显自己的胸部；她们可能通过讨论胸围或胸部疾病（如手术或者肿块）引起更多的关注。某些类型的扭动可能是肛欲期变体。玩这种游戏的女性暗示自己可以与他人发生性关系。因此，该游戏可能由失去丈夫的女人以一种更具象征性的形式进行，即不真诚地展示自己的守寡状态。

反游戏。 除了适应能力比较差之外，这类女性对反游戏几乎没有容忍度。举个例子，如果该游戏在一个有经验的治疗团体中被忽略或被反击，那么她们可能会退出这个团体。在这个游戏中，必须仔细区分反游戏和报复，因为后者意味着怀特已经赢了。相比之下，对抗"丝袜游戏"女性要比男性更有技巧，男性确实没有什么动力去打破这个游戏。所以反游戏最好留给在场的其他女性自行处理。

5."吵闹"

正题。"吵闹"游戏最经典的形式，一般发生在专横霸道的父亲和青春期的女儿之间，同时还有一位性压抑的母亲。父亲下班回家后，挑女儿的毛病，女儿无礼地顶嘴或女儿首先表现得很无礼，因此激起父亲的愤怒。随后他们吵架的声音越来越大，冲突越来越激烈。该游戏的结局取决于谁掌握了主动权，其可能的结局有三种：第一，父亲冲回房间砰的一声关上门；第二，女儿冲回房间砰的一声关上门；第三，两个人都回到自己的房间砰的一声关上门。不管是哪种情况，"吵闹"结束的标志都是摔门这个举动。

在有些家庭，"吵闹"游戏为暴躁的父亲与青春期的女儿之间的性问题提供了令人烦恼但很有效的解决方法。通常，如果他们互相生气，也只能一起住在同一所房子里。摔门向他们每一方强调，他们有独立的房间这一事实。

在糟糕的家庭，这个游戏可能以邪恶和令人厌恶的形式进行。每当女儿出去约会时，父亲都会等待她，仔细检查她和她的衣服，确保她没有和别人发生性关系。最细微的可疑情况都可能引发最激烈的争执。游戏的结局可能是女儿半夜被逐出家门。从长远看，事情会自然而然发生。即便不是那天晚上，就是下一个晚上，或者再下一个晚上。然后父亲的怀疑被证实，正如他对妻子说的那样。而在这一切发生时，母亲一直"无助地"站在一旁。

不过，通常来说，"吵闹"游戏有可能发生在任何两个想要逃避性亲密的人之间，比如这是"性冷淡的女人"游戏最常见的结局。该游戏在青春期男孩与其女性亲人之间相对少见，因为青春期的男孩比其他家庭成员更容易在晚上从家里偷偷溜走。在小年龄段，兄弟姐妹之间通过肢体冲突来设置有效界限，借以获得部分满足。这种模式在不同的年龄段有各种各样的动机，在美国这是"吵闹"游戏的一种半仪式化的表现形式，并得到电视台、教育学和儿科专家的认可。不过，在英国上流社会，这被认为（或曾被认为）是非常糟糕的，相应的能量被引导到运动场上更具规范性的"吵闹"游戏中。

反游戏。对于父亲来说，该游戏并不像他想的那样令人厌恶。通常女儿会通过早婚（常常是草率或被迫的）做出对立的行动。如果这在心理学上是可行的，那么母亲可以借由放弃她相对或绝对的性冷淡来对抗该游戏。假如父亲在外面找到感兴趣的性对象，那么该游戏可能会趋于平静，不过可能会导致其他复杂问题。对于已婚夫妻来说，反游戏与"性冷淡的女人"或"性冷淡的男人"相同。

在适当的情况下，"吵闹"游戏会自然地发展为"法庭"游戏。

第十章 黑社会游戏

Underworld Games

随着"助人"这一职业在法庭、缓刑假释部门和监狱机构中的普及，犯罪学家和执法人员越来越专业，相关工作人员也应注意到监狱内外盛行于黑社会中的日益普遍的游戏。这些游戏包括"警察和强盗""怎样才能离开这里""让我们来欺骗乔伊"。

1. "警察和强盗"

正题。因为很多罪犯都憎恨警察，他们从智斗警察中获得的满足感似乎并不亚于从犯罪中获得的满足感，甚至更多。从成人自我状态层面看，他们犯罪是为了获取物质回报，即为获得好处而玩游戏，但从儿童自我状态层面看，是为了获取被追捕的刺激感——逃跑和放松。

有趣的是，"警察和强盗"游戏的儿童期原型并非警察和强盗，而是捉迷藏，该游戏最本质的元素是被发现时的懊恼。

这一点较年幼的孩子很容易表现出来。如果父亲很容易就找到他们，他们会感到懊恼，体会不到太多乐趣。如果父亲是一个好的玩家，他知道该怎么做：他会故意不靠近，于是孩子通过喊叫、碰掉东西或弄出声响给他提供线索，这样他强迫父亲发现了自己，但仍会表现得很懊恼。由于这一次游戏中的悬念增加了，他获得了更多的乐趣。如果父亲放弃了，那么小男孩往往会感到失望，而不是胜利。既然躲藏很有趣，显然这不是问题所在，让他感到失望的是没有被抓住。当轮到父亲躲藏时，他知道不应该瞒哄孩子太久，只要游戏足够好玩就行了；他很聪明，当孩子找到他时，他看上去很懊恼。我们很容易发现，被找到是这个游戏必要的结局。

所以，捉迷藏不仅仅是一种消遣，而是真正的游戏。从社会层面来说，这是一场智斗，当每个玩家的成人自我状态都做到最好时，最令人满意；不过，从心理层面来说，它如同强迫性赌博，只有怀特的成人自我状态认输，他的儿童自我状态才能获胜。不被抓住其实是反游戏。年龄稍微大一点的孩子中，如果谁躲在没人找得到的地方，则会被认为缺乏游戏精神，因为他破坏了游戏。他已经消除了儿童元素，使整件事情转入成人程序。他不再为好玩而玩。他与赌场老板或职业罪犯一样，他们真正的目的是赚钱而非娱乐。

惯犯有两种独特类型，一种是为了利益而犯罪，另一种则是为了游戏而犯罪，还有很大一部分群体处于两者之间，他们可以处理任何一种情况。据报道，那些"强迫型赢家"即赚大钱的人，他们的儿童自我状态不想被抓住，也很少被抓住；他们很难受到惩罚，对他们而言，总有办法解决。另一方面，那些玩"警察和强盗"游戏的"强迫性输家"，一般不会有太好的经济收益。如果有，也往往是因为运气，与技巧无关。从长远来看，即使是这些运气好的人，也常常遵从他们的儿童自我状态的要求结束，大声抗议而不是逍遥自在。

这里我们关注的"警察和强盗"游戏者，在某些方面与"酒鬼"游戏的游戏者类似。他可以从"强盗"角色转换成"警察"，也可以从"警察"角色转换为"强盗"。在某些情况下，他可能白天扮演父母自我状态的"警察"，晚上又扮演儿童自我状态的"强盗"。在很多"强盗"中会出现一个"警察"，而在很多"警察"中也会出现一个"强盗"。假如罪犯"改过自新"，那么他有可能转而扮演"拯救者"角色，成为一名社会工作者或宣教者。不过，"拯救者"在这个游戏中远没有在"酒鬼"游戏中那么重要。一般情况下，游戏者扮演的"强盗"角色才是他的命运，每个游戏者都有让自己被抓住的犯罪手法，他可能会以不同的难易程度让"警察"抓住他。

这种情况和赌徒类似。从社交或社会学层面来说，职业赌徒是生活中主要兴趣为赌博的人。但从心理学层面来说，职业赌徒有两种不同的类型：第一种是那些将时间花在玩游戏上的人，也就是拿命运赌博。在这些游戏者身上，儿童自我状态对输的渴望超过了其成人自我状态对赢的渴望。第二种是经营赌场的人，他们真正以此谋生，通过给赌徒提供赌博机会，通常过着很好的生活；他们自己不参与赌博，并尽量避免赌，即使偶尔放纵一下，但这就和一个真正的罪犯偶尔玩"警察和强盗"游戏一样。

这阐明了为什么社会学和心理学对犯罪的研究通常是含糊不清、没有成效的。因为他们研究的是两种不同类型的人，一般的理论或实证框架不能对这两类人进行适当的区分。对赌徒的研究也是如此。沟通分析和游戏分析则为这个问题提供了直接的解决方案。他们通过对社会层面下的交互作用进行区分，消除"游戏者"和真正的职业人士之间的模糊性。

现在，让我们从一般性论述转向思考一些具体的案例。有些窃贼在盗窃时没有任何多余的动作，但是玩"警察和强盗"游戏的窃贼会通过无端的故意破坏留下作案线索，比如用分泌物和排泄物来损坏贵重衣物。

据报道，真正的银行劫匪会采取一切可能的预防措施避免暴力；但是玩"警察和强盗"游戏的劫匪只会找借口发泄他的愤怒。和其他职业人士一样，真正的罪犯希望他的工作在环境允许的情况下尽可能干净利落地完成，而玩"警察和强盗"游戏的罪犯在作案过程中会感到不得不发泄。据说真正的罪犯在找到脱身之计之前绝不会行动，而游戏者却会赤手空拳犯法。

　　真正的罪犯能以自己的方式清楚地意识到"警察和强盗"游戏。倘若一个团伙成员对该游戏表现出太多兴趣，以至达到危及任务的程度，尤其是当他开始表现出被逮捕的需求时，团伙将会采取非常激烈的措施避免此事再次发生。也许正是因为真正的职业罪犯不玩"警察和强盗"游戏，所以他们很少被逮捕。因此，他们很少被从社会学、心理学与精神病学角度进行研究。这同样适用于赌徒。因此，我们关于罪犯和赌徒的临床认识大部分都是有关游戏玩家的，而不是真正的职业罪犯的。

　　以有偷窃癖的人（与职业的商店扒手截然不同）为例，可以说明"警察和强盗"游戏被以无关紧要的方式玩得有多广泛。很有可能有很大一部分西方人至少在幻想世界里玩过"警察和强盗"游戏，世界上一半的报纸是靠这些内容销售的。这种幻想通常以虚构"完美犯罪"的形式呈现，这是可能存在的最激烈的游戏，并完全智胜警察。

　　"警察和强盗"游戏的变体是"审计师和强盗"游戏，盗用公款者会以相同的规则和结局来玩这个游戏；走私犯则会玩"海关和强盗"游戏；等等。特别有趣的是"法庭"游戏的罪犯版变体。尽管职业罪犯已经十分小心谨慎，他偶尔也会被逮捕受审。对他来说，"法庭"是他根据法律顾问的指导完成的一种程序。对于律师来说，如果他是"强迫型赢家"，那么"法庭"游戏在本质上就是和陪审团玩的游戏，其目的是赢而不是输，这被社会上很大一部分人看作是一种建设性游戏。

反游戏。这是犯罪学家而不是精神病学家关心的问题。警察和司法部门不会对抗该游戏，只是在社会规则下在游戏中扮演他们各自的角色。

然而，有一点需要强调，即犯罪学研究人员可能会开玩笑说一些罪犯表现得好像他们很享受被追逐并期待被逮捕，或者他们也会读到这种观点并以恭顺的方式表示认同，但他们很少在"严肃"的工作中将这种"学术"因素视为决定性因素。

首先，他们无法通过心理学研究的标准化方法来揭示这种因素。因此，研究者必须要么忽略这个关键因素，因他无法用他的研究工具研究它；要么需要改变他的研究工具。事实上，迄今为止，这些工具没能解决任何一个犯罪学问题，因此研究者最好抛弃陈旧的方法，以全新的方法解决这个问题。除非"警察和强盗"游戏不仅仅作为一种有趣的现象被接受，而是作为大部分案例的核心问题，否则针对犯罪学的许多研究将继续处理那些浅薄的、教条的、次要的或无关的问题[1]。

游戏分析

正题： 看你能不能抓住我。

目的： 寻求安心。

角色： 强盗、警察（法官）。

心理动力： 阴茎侵入。

范例：（1）捉迷藏；（2）犯罪。

社会层面的沟通： 父母自我状态—儿童自我状态。

儿童自我状态："看你能不能抓住我。"

父母自我状态："我的职责就是要抓住你。"

心理层面的沟通： 父母自我状态—儿童自我状态。

儿童自我状态："你必须抓住我。"

父母自我状态："啊，我抓到你了。"

步骤：（1）怀特：反抗；布莱克：愤怒。（2）怀特：躲藏；布莱克：挫败。（3）怀特：挑衅；布莱克：胜利。

获益：（1）内在心理获益——对过去的错误进行物质补偿；（2）外在心理获益——对抗恐惧症；（3）内在社交获益——看

你能不能抓住我；（4）外在社交获益——我差点儿就逃脱罪责了（消遣：他们差点儿就逍遥法外了）；（5）生理性获益——身败名裂；（6）存在性获益——我永远是一个失败者。

▌ 2."怎样才能离开这里"

正题。历史证据表明，那些时间被活动、消遣或游戏结构化的囚犯生存得最好。显然政治警察对此最为了解。据说，狱警只需通过禁止囚犯活动和剥夺其社交活动，就能让一些囚犯心理崩溃。

单独监禁的囚犯最喜欢的活动是读书或写作，最喜欢的消遣是逃跑，其中有些逃跑者已经非常有名，如卡萨诺瓦（Casanova）和巴伦·特伦克（Baron Trenck）。

他们最喜欢的游戏是"怎样才能离开这里"（"想出去"）。这个游戏也会出现在公立医院中。我们必须把这个游戏与同名的操作区分开，后者以"行为良好"而为人所知。那些真正想获得自由的囚犯（患者），会设法遵循当局的要求，以便在可能的情况下尽早获释。现如今，这个目标也可以通过玩团体治疗类型中的好游戏"精神病学"来达成。然而，玩"想出去"游戏的囚犯或患者，他们的儿童自我状态并不想离开。他们假装"行为良好"，但到关键时刻，他们就故意阻碍自己，从而避免被释放。因此，我们可以说在"行为良好"游戏中，父母自我状态、成人自我状态和儿童自我状态共同合作，从而获得释放。但在"想出去"游戏中，父母自我状态和成人自我状态会按照要求行动，直到某个关键时刻，此时儿童自我状态接管并破坏结果。实际上，一想到要去不确定的世界冒险，儿童自我状态就感到恐惧。20 世纪 30 年代末，"想出去"游戏在已成为精神病患者的刚到美国的德国移民中较为常见。他们努力改善病情后恳求出院；但随着出院之日的临近，他们的精神问题又会复发。

反游戏。"行为良好"和"想出去"游戏能被敏锐的管理者识别出来，并且能在执行层面进行处理。然而，团体治疗的初学者却经常被骗。一个能力较强的团体治疗师清楚，这些在以精神病学为导向的监狱中是最常见的操纵手段，他会对他们保持密切关注，并尽早找出这些人。因为"行为良好"是诚实的操作，它也应该被这样对待。公开讨论这件事并没有什么坏处。另一方面，如果恐慌的囚犯或患者想康复，就需要进行积极的治疗。

相关游戏。与"想出去"密切相关的操作是"你必须听我说"。某个机构的住院病人或社会机构的来访者要求有投诉的权利。这些投诉往往无关紧要，他的主要目的是确保自己的言论能被当权者听到。假如当权者误以为他希望机构遵从其要求，并因为他提出的要求不合理而将其打断，那当权者可能会遇到麻烦；但如果当权者同意他的要求，他会提出更多要求。其实，如果当权者能耐心倾听并且表现出感兴趣，那么"你必须听我说"游戏者就会感到满意并合作，也不会有更多的要求。管理者们必须学会区分"你必须听我说"和严肃要求补救[2]。

"判决不公平"是同属这个游戏类型的另一个游戏。真正的罪犯抱怨"判决不公平"是真正在为出狱而努力，在这种情况下，它是程序的一部分。而玩"判决不公平"游戏的囚犯不会有效利用它试图出狱，因为如果他出去，就找不到抱怨的借口了。

▎3. "让我们来欺骗乔伊"

正题。该游戏的原型是"大商店"*游戏，这是一个大规模的诈骗游戏。不过，很多小型的诈骗，包括"美人计"游戏，也都属于该游戏。除非某人有盗窃基因，否则没有人能抵抗

---

* 《大商店》（*The Big Store*）是查尔斯·赖斯纳在 1941 年执导的喜剧电影。在电影中，主角揭穿了店主的欺诈行为并以自己独特的方式将商店整理得焕然一新。

这个游戏。因为该游戏的第一步是布莱克告诉怀特，愚蠢老实的乔伊正等着上当受骗。假如怀特是一个完全正直的人，他要么避开乔伊，要么提醒乔伊小心上当，但事实上怀特并没有。于是，就在乔伊马上要付钱的时候，出了一些问题，怀特发现自己的投资血本无归。

或者在"美人计"游戏中，正当乔伊要被戴绿帽子时，乔伊突然走进来。然后正在按自己的规则行事的怀特发现，他必须遵守乔伊的规则，这很令人痛苦。

奇怪的是，容易受骗的人被期待了解"让我们来欺骗乔伊"的游戏规则，并且遵守规则。怀特的愤怒喊叫被骗子视为要承担的预期风险，他们不会因此而责怪怀特，甚至在一定程度上允许他为挽回面子而向警察撒谎。但如果怀特做得太过分，诬陷他们盗窃，这就是欺骗，他们就会怨恨他。此外，没人会同情因欺骗醉酒者而陷入困境的骗子，因为这是不当的程序，他应该很清楚。如果他愚蠢地选了一个幽默的受骗者，也是同理。因为众所周知，这种人不太可能在"让我们来欺骗乔伊"，一直到"警察和强盗"的终极游戏中扮演好角色。有经验的骗子害怕那些被骗后大笑的人。

值得一提的是，恶作剧并不是"让我们来欺骗乔伊"游戏，因为恶作剧的受害者是乔伊，而在游戏中，占上风者是乔伊，受害者是怀特。恶作剧是一种消遣，"让我们来欺骗乔伊"才是游戏。游戏中最初安排的笑话最终事与愿违。

显然,"让我们来欺骗乔伊"是一个三人或四人游戏,警察在其中扮演第四个角色。这个游戏与"你来和他斗吧"游戏有关联。

注释

感谢瓦卡维尔市加州医学研究中心的富兰克林·恩斯特(Franklin Ernst)医生,诺科市加州康复中心的威廉·柯林斯(William Collins)先生和特哈查比市加州男子学会的劳伦斯·米恩斯(Laurence Means)先生,感谢他们对"警察和强盗"游戏研究的兴趣及让我们受益匪浅的讨论和批评。

第十一章 咨询室游戏

Consulting Room Games

在治疗情境中反复玩的游戏，对于专业的游戏分析师来说是最重要的，需要引起注意。他们在咨询室中很容易进行第一手研究。根据游戏发起者的角色，咨询室游戏可分为三类：第一类是治疗师和社会工作者玩的游戏："我只是想帮你"和"精神病学"；第二类是接受过相关专业训练的人，即团体治疗中的患者玩的游戏，如"温室"游戏；第三类是外行的患者和来访者玩的游戏，如"贫困""乡下人""愚蠢""木头腿"。

1."温室"

正题。"温室"游戏是"精神病学"游戏的一种变体。年轻的社会科学家玩得最激烈，比如临床心理学家。这些年轻人倾向于与同事一起以幽默的形式玩"精神分析"，用诸如"你表现出敌意了""嘿，你的防御机制有多机械？"的表达。

这通常是一种无害且有趣的消遣，也是他们学习经历中的正常阶段，而且在团体里有一些原创作品会很有趣（作者最喜欢的说法是"我发现全国'口误周'又来了"）。

像团体治疗中的患者，这些人中的一些人倾向于沉溺在更严肃的相互批判中。但由于在那种情况下这样做不会太有成效，治疗师必须制止。接下来，他们可能会转入"温室"游戏。

新毕业生中存在一种强烈倾向，即对他们所谓的"真实感受"过度尊重。在表达这种感受之前，他们先宣布它很快就要到来。在宣布之后，这种感觉被描述，更准确地说是被展现在团体面前，如同它是一株世间罕见的花，应当对其心怀敬畏。其他成员就像植物园里的鉴赏家，他们的反馈被庄严接受。用游戏分析术语来说，问题似乎在于，这种感受是否好到可以在全国情感展览上展出。治疗师以提问进行干预可能会引起强烈怨恨，仿佛他是个粗鲁的笨蛋，正在伤害一株奇异的世纪植物的柔弱花瓣。治疗师很自然地认为，为了了解一朵花的解剖学特征和生理机能，可能有必要对它进行解剖。

反游戏。反游戏对取得治疗进展至关重要，是对上述描述进行讽刺。如果允许这个游戏进行，它可能会持续多年不变。之后，患者可能会觉得自己已经有了"治疗经验"，其间他

"宣泄了敌意"，学会了"面对情感"，在某种程度上，这使他比其他没那么幸运的同事更有优势。这样做可能没产生什么动力学意义。当然，投入的时间也没使治疗效益最大化。

最初描述中的讽刺并不是针对患者本人，而是针对他们的老师及鼓励这种过分重视"真实感受"的文化环境。如果时机恰当，那么治疗师的一句质疑式评论，或许能成功使患者从浮夸的父母自我状态影响中脱离出来，在与其他人的沟通中减少不自在。他们不是在一种温室氛围里"栽培"情绪，而是让情绪自然发展，等到情绪成熟的时候再去"采摘"。

该游戏最明显的获益是外在心理获益，因为它通过设置表达情绪的特殊条件和在场人做出回应的特殊限制来回避亲密关系。

2."我只是想帮你"

正题。该游戏可以在任何职业场合出现，不限于心理治疗师和社会福利工作者。然而，人们发现，受过某些训练的社会工作者最常玩这种游戏且玩得最精彩。不过，在一种不寻常的情况下，作者弄明白了对该游戏的分析。在一次扑克游戏中，除了一位心理学家和一位商人外，其他人都弃牌退出了。商人有一手好牌，便下了赌注。心理学家胜券在握，所以增加了赌注。商人有点困惑，这时心理学家开玩笑说："别担心，我只是想帮你。"商人犹豫了一下，最终决定抛出筹码。心理学家亮出他获胜的底牌，商人懊恼地丢下手中的牌。其他人都被心理学家的玩笑逗乐了，商人沮丧地说："你可真是帮了我大忙！"心理学家向作者投来会意的一瞥，暗示这个笑话是以精神病学专业为代价的。那时，这个游戏的结构变得清晰起来。

无论是什么专业的社会工作者或治疗师，都会给患者提出一些建议。患者反馈说这些建议没有达到预期效果。社会工作者感到无可奈何，对这次失败不屑一顾，并再次尝试。如果这时他更警觉一些，可能会觉察到一丝挫败感，但无论如何，他会继续尝试。通常，他觉得没必要质疑自己的动机，因为他知道很多接受过类似训练的同事都在做同样的事，所以他只是遵循"正确"的程序行动，并将得到主管的全力支持。

如果他遇见一位难对付的玩家，比如充满敌意的强迫症患者，就会感到力不从心。于是，他就有麻烦了，情况逐渐变得糟糕。最坏的情况是，他遇到一位生气的偏执狂，某天会冲进来怒吼："看你都让我做了些什么！"此时他的挫败感会强烈地在他说出或未说出的想法中表现出来："可是，我只是想帮你啊！"对方"忘恩负义"的态度令他困惑不已，这可能给他带来相当大的痛苦，也表明他的行为背后隐藏着复杂的动机。这种困惑就是该游戏的结局。

不应将真正的助人者与玩"我只是想帮你"游戏的人混为一谈。"我想我们可以做点什么""我知道该怎么做""我的工作就是帮助你""我帮助你的费用是……"与"我只是想帮你"不同。前面四种开诚布公的表达，代表治疗师的成人自我状态主动提出利用专业资质帮助那些苦恼的患者或来访者；而"我只是想帮你"游戏则隐藏着另一层动机，对于最终结果这比专业技能更重要。

这种动机是基于"人都忘恩负义和令人失望"的心理地位。任何成功的可能性，都会让专业人员的父母自我状态产生担忧，是一种对蓄意破坏的邀请，因为成功会威胁到这种心理地位。游戏者必须确保，无论他多么尽心竭力地提供帮助，都不会被接受。患者对此游戏的回应是"看我现在多么努力啊"或"你没办法帮我"。更灵活的游戏者会做出一些让步：人们可以接受帮助，只是他们需要花很长一段时间。因此，治疗师对患者快速取得的治疗效果感到抱歉，因为他们知道在员工会议上他们的一些同事会对这种情况产生怀疑。与"我只是想帮你"的激烈玩家相反的是那些优秀的律师，他们在帮助客户的过程中，没有任何个人参与或感情用事，这样的人在社会工作者中也能找到。这里，专业技能取代了隐藏的动机。

一些学校的社会工作专业似乎成为培养"我只是想帮你"游戏职业玩家的主要基地，很难让他们的毕业生停止玩这个游戏。可以从它的补充游戏"贫困"的描述中，找到可以帮助我们解释上述观点的例子。

"我只是想帮你"游戏及其变体在日常生活中很容易找到。游戏者可能是朋友或亲戚（例如"我可以批发给你"），以及开展针对儿童社区工作的成年人。父母们很喜欢玩这个游戏，与之互补的是子女们所玩的"看你都让我做了些什么"。从社会层面来看，这种游戏可能是"笨手笨脚的人"游戏的变体，即伤害是在提供帮助时造成的，而不是冲动的结果。在这里，表现为受害者的客户可能会玩"为什么这种事总发生在我身上"游戏或其变体。

反游戏。当接到游戏邀请时，专业人员可以采取几种策略来处理。选择哪种策略取决于他和患者之间关系的状态，尤其是患者儿童自我状态的态度。

（1）经典精神分析的反游戏是最彻底的，对患者来说，也是最难以忍受的。游戏完全被忽视了，接下来患者越来越努力地尝试。最后，患者将陷入一种绝望状态，表现为愤怒或沮丧，这是游戏失败的典型表现。这种情况可能会导致有益的对抗。

（2）面对首次邀请，可以尝试更温和（但不古板）地对抗。治疗师可以声明，自己是患者的治疗师，而非他的管理者。

（3）更加温和的步骤是介绍患者加入一个治疗团体，让其他患者来处理。

（4）针对严重精神失常的患者，在初始阶段有必要和他一起玩游戏。此类患者应该接受精神科医生的治疗。精神科医生在治疗患者时，不仅可以开出药物，还可以提供一些保健措施，即使在使用镇静剂的今天，这些仍然是有价值的。如果医生开出了保健养生措施，其中可能包含洗澡、锻炼、休息时间和规律饮食，那么患者有可能会：①执行养生疗法并感到状态好转；②有顾虑地执行养生疗法，并抱怨它没有效果；③不经意地提到他忘记执行这套治疗法了，或者他已经放弃，因为它对自己没有任何好处。对于后面两种情况，需要由精神科医生决定，此时是否可以对患者进行游戏分析治疗，或者有无其他治疗方法，为后续的心理治疗做好准备。在精神科医生决定如何推进下一步治疗之前，应该仔细评估养生疗法的适用程度同患者玩游戏的倾向之间的关系。

另一方面，对患者来说，对抗该游戏的反游戏是"别告诉我怎样才能帮到我，我会告诉你怎么做才能帮到我"。如果已经知道治疗师是一个"笨手笨脚的人"，那么对患者来说正确的反游戏是"别帮助我，帮助他"。但是，那些认真玩"我只是想帮你"游戏的人往往缺乏幽默感。患者的这种反游戏行动往往不能被治疗师愉快地接受，甚至可能会引发治疗师终生的敌意。在日常生活中，除非一个人已经准备好无情地展开反游戏行动并承担后果，否则不要开始这样的举动。例如，拒绝一个玩"我可以批发给你"游戏的亲戚，可能会引起严重的家庭矛盾。

游戏分析

正题：没有人会按照我说的去做。

目的：减轻内疚感。

角色：助人者、来访者。

心理动力：受虐。

范例：（1）孩子在学习，父母介入；（2）社会工作者和来访者。

社会层面的沟通：父母自我状态—儿童自我状态。

儿童自我状态："我现在要做什么呢？"

父母自我状态："这是你要做的。"

心理层面的沟通：父母自我状态—儿童自我状态。

父母自我状态："看我多么有能力。"

儿童自我状态："我会让你感到无能。"

步骤：（1）要求指导—给予指导；（2）破坏程序—责备；（3）证明这个程序有问题—暗自愧疚。

获益：（1）内在心理获益——殉难；（2）外在心理获益——避免面对自己的能力不足；（3）内在社交获益——投射型"家长会"，忘恩负义；（4）外在社交获益——投射型"精神病学"；（5）生理性获益——被来访者扇耳光，被督导安抚；（6）存在性获益——所有人都是忘恩负义的。

3."贫困"

正题。对该游戏的主题最好的描述出自亨利·米勒的《玛洛西的大石像》（*The Colossus of Maroussi*）："这件事一定发生在我找工作的那一年，但我一点都不想找工作。我想起，尽管我认为自己很绝望，我甚至都没有去看报纸上的招聘广告。"

这个游戏是"我只是想帮你"的互补游戏之一。社会工作者以玩"我只是想帮你"游戏来谋生，他们的来访者则以专业地玩"贫困"游戏来谋生。作者对于"贫困"游戏的经验有限，但他最有成就的学生之一接下来的解释阐明了该游戏的本质和社会地位。

　　布莱克小姐是一家社会福利机构的社会工作者。该机构对外宣称，他们的目的是帮助贫困人士恢复经济，实际上是帮助他们找到并维持有收入的工作，为此该机构获得了政府的补贴。根据官方报道，这个机构的来访者一直在"取得进步"，但几乎没有人能真正"恢复"。报道称这种情况是可以理解的，因为他们中的大多数人多年都是社会福利救济的对象，他们从一个福利机构转到另一个机构，有时同时接受五六家福利机构的帮助。所以，很明显他们是"困难的来访者"。

　　布莱克小姐由于接受了游戏分析训练，她很快意识到该机构的工作人员一直在玩"我只是想帮你"游戏，而且她想知道来访者对此有什么反应。为了核实，她每周都会询问自己的来访者实际调查了多少工作机会。有趣的是，她发现，尽管从理论上说，这些"贫困人士"每天都应该在刻苦地找工作，然而，实际上他们付出的努力很少，有时他们付出的象征性的努力颇具讽刺意味。比如，一位男士说他每天至少会回复一条招聘广告。布莱克小姐问："是什么类型的工作呢？"他说他想做销售工作。她问："你只回复这一类的招聘信息吗？"他说是的。但太糟糕了，他是个口吃的人，这阻碍了他从事自己选择的工作。大约这个时候，布莱克小姐正问的这些问题引起了她的督导的注意，并以给来访者造成

"过多的压力"为由训斥了她。

布莱克小姐决定无论如何继续帮助其中的一些来访者康复。她挑选出那些身强体壮，并且看上去没有合理理由继续领取福利金的人，她和选择的这组人讨论了"我只是想帮你"游戏和"贫困"游戏。当这些来访者愿意承认自己是在玩游戏后，她说除非他们找到工作，否则她将停止向他们发放福利金，并将他们转送到另一类不同的机构。于是，他们中有几位立刻找到了工作，有些人甚至是多年以来第一次找到工作。不过对于她的态度这些人感到十分愤慨，还有人写信给她的督导抱怨此事。督导把布莱克小姐叫来，更严厉地批评了她，说即使之前的这些来访者已经在工作了，他们也没有"真正康复"。他表示，他们质疑是否该继续留她在机构工作。布莱克小姐在尽量不威胁自己职位的情况下，巧妙地询问督导，机构认为的"真正康复"是什么，却并未得到明确的答复。她只是被告知给人们"施加了不必要的压力"，这些来访者多年来第一次能够在经济上支撑家庭的事实，也没有让她获得称赞。

因为布莱克小姐需要这份工作，并且如今又面临失去它的风险，一些朋友试图帮助她。一位德高望重的精神科门诊负责人写信给她的督导，称自己听说布莱克小姐对于领取福利的来访者做了一些成效显著的工作，询问是否可以请她到自己诊所的讨论会上分享她的发现。可是督导拒绝了这个请求。

在这个案例中，为了与"我只是想帮你"游戏的规则互补，机构设置了"贫困"的规则。社会工作者和来访者之间达成了某种心照不宣的协议，内容如下。

社工："我会努力帮助你（前提是你不变得更好）。"
来访者："我会去找工作（前提是我不必非要找到）。"

如果来访者变得更好，破坏了这份协议，福利机构就会失去这位来访者，而来访者也会失去生活福利，双方都将蒙受损失。如果像布莱克小姐这样的社会工作者，通过让来访者真正找到工作破坏这份协议，那么福利机构就会因来访者的投诉而遭受惩罚，这可能会引起更高权力部门的注意，同时来访者也会失去生活福利。

只要双方都能遵守潜规则，他们就都能各自获益。来访者获得了他的福利，并很快清楚福利机构想要的回报：一个"提供援助"的机会（作为"我只是想帮你"的一部分），以及一份"临床资料"（为了在"以来访者为中心"的员工会议上展示）。来访者很乐意配合福利机构的这些要求，他和福利机构都感到愉快，所以他们之间相处融洽，谁也不想终止这种令人满意的局面。布莱克小姐的所作所为，实际上是"达成援助"而不是"正在提供援助"，并建议实行"以社区为中心"的员工会议，而非"以来访者为中心"，这让所有相关人员都感到愤怒，尽管她才是唯一达成该福利机构所宣称目的的人。

这里我需要强调两点。首先，"贫困"作为一种游戏，而非因身体、心理或经济缺陷而导致的疾病，在接受福利救助的来访者中，只有一部分人玩该游戏；其次，只有接受过"我只是想帮你"训练的社会工作者才会支持这个游戏，而其他社会工作者对此是不能容忍的。

与"贫困"类似的游戏还包括"退伍老兵"和"门诊"。"退伍老兵"表现出同样的共生关系，只不过是发生在类似于组织的退伍军人管理局和一定数量的职业退伍军人之间，他们要求享有和伤残退伍军人一样的合法权益。在大型医院门诊部，有一部分患者会玩"门诊"游戏。与"贫困"和"退伍军人"游戏不同，玩"门诊"游戏的患者并不能获得经济上的酬劳，但会获得其他利益。这些患者为一个有价值的社会目的服务，非常愿意配合医务人员的训练和疾病研究的过程。这样能够使他们的成人自我状态获得满足，这种满足感是"贫困"和"退伍军人"游戏玩家无法获得的。

反游戏。前面已表明，如果想对抗这个游戏，就要停止给游戏者提供福利。和大部分游戏一样，这样做的危险并非来自游戏者，而是来自该游戏与社会文化的融合，以及与之互补的"我只是想帮你"游戏者的促进。威胁来自专业上的同事、群情激愤的公众、政府机构以及相关保护性组织。在反"贫困"游戏后，游戏者发出的抱怨可能会导致强烈的抗议："是啊，是啊，岂有此理？"这被视为一种健康且具有建设性的操作或消遣，即使它偶尔会妨碍坦诚。

▎4. "乡下人"

正题。"乡下人"游戏的原型是一位患关节炎的保加利亚村民，她卖掉家里唯一的一头奶牛，筹款去保加利亚首都索菲亚的大学临床机构就医。教授给她做了检查，发现该病例很有趣，于是带她给学生做了临床案例演示。教授不仅概述了病理机制、症状和诊断，还概述了治疗方案。整个过程令她充满敬畏。在她离开前，教授为她开了处方，并且对治疗做出更详尽的解释。她被教授的学识深深折服，用地道的保加利亚语说："哇，教授你真了不起！"然而，她从未按照处方去开药。首先，她居住的村子里没有药商；其次，就算有她也不愿意让如此珍贵的一张处方离开自己的手。她更没有条件完成剩下的治疗，诸如改善饮食、接受水疗等等。她的生活和从前并无二致，因为关节炎她还是要跛脚行走。但现在她很快乐，因为她可以告诉每一个人，在索菲亚有一位了不起的教授为她开了处方，对她进行了精心治疗。她每晚都会在祈祷中表达对教授的感激。

几年后，这位教授怀着不愉快的心情去看一位富有但很难满足的病人，碰巧途经这个妇女居住的村庄。她突然冲过去亲吻教授的手，并且提醒他很久以前他为她制定的绝佳治疗方案。此时教授想起这位乡下人。他从容地接受了乡下人的敬意。当她说治疗多么棒时，教授尤其感到满意。实际上，教授因为太激动以至根本没有注意到她的脚还和以前一样跛。

社交情境中的"乡下人"游戏有两种形式：一种是天真型，另一种是伪装型。这两种形式的口号都是"哇，你真了不起，穆加特罗伊德先生！"。在天真型的"乡下人"游戏中，穆加特罗伊德先生卓尔不群。他是著名的诗人、画家、慈善家和科学家。天真的女人往往千里迢迢赶来，只为见他一面，这样她就可以崇拜地坐在他的脚边，甚至把他的缺点都浪漫化。一个更有心机的女人可能一开始就打算与这个男人发展婚外情或结婚，她真的喜欢和崇拜他，对于他的弱点也心知肚明。她甚至可能利用他的弱点获得自己想要的。对于这两类女性，游戏开始于她们对他的缺点的浪漫化或利用。不过，她们的天真在于真正尊重他的成就，并对此能够予以正确评价。

在伪装型"乡下人"游戏中，穆加特罗伊德先生或许真的德高望重，或许并非如此。但他遇到了一个无论如何都无法很好地欣赏他的女性，她可能是一名高级妓女。她在玩"可怜的我"游戏，用"哇，你真了不起，穆加特罗伊德先生"作为纯粹的奉承来实现自己的目的。私下里，她不是被他迷惑了，就是在嘲笑他。但是她并不在乎他，她想要的只是和他在一起时的获益。

临床情境中的"乡下人"游戏也有类似的两种形式，它们的口号都是"哇，教授你真了不起！"。在天真型游戏中，患者只要相信"哇，教授你真了不起！"就可以处于良好的状态，这使责任落到了治疗师身上，他必须在公开场合和私下都保持良好的品格形象。在伪装型游戏中，患者希望治疗师陪她一起玩"哇，教授你真了不起！"，并认为"你有非凡的洞察力"。一旦她达到了目的，就会使他看起来很愚蠢，转而寻求另一位治疗师。如果他不那么容易被欺骗，他有可能真正帮到她。

患者赢"哇，教授你真了不起！"游戏最简单的方法就是病情不好转。如果她更恶毒，可能会采取更积极的行动使治疗师看起来很愚蠢。有一位女士和精神科医生玩该游戏，症状没有得到任何缓解；最终她说了很多表示尊敬和歉意的话，然后离他而去。这位女士之后去找她最尊敬的牧师寻求帮助，并和他玩"哇，教授你真了不起！"游戏。几周后，她引诱牧师玩二级"挑逗"游戏。接着，她跨过后院的栅栏悄悄告诉邻居自己是多么失望，像布莱克这样一位优秀的男人，居然因为一时冲动，挑逗她这样一位既天真又缺乏吸引力的女人。她了解他的妻子，她当然可以原谅他，但是……这个秘密被不经意地散出去了，事后她才后怕地想起，这位邻居是教会中的一位长老。她利用病情迟迟没有好转战胜了精神科医生，又通过引诱战胜了牧师，尽管她不愿意承认。但是第二位精神科医生把她介绍给了一个治疗团体，在那里她再也不能像过去那样耍花招儿了。没有"哇，教授你真了不起！"和"挑逗"游戏充斥于她的治疗时间，她开始仔细地审视自己的行为，并在治疗团体的帮助下得以放弃这两种游戏——"哇，教授你真了不起！"和"挑逗"。

反游戏。首先治疗师必须判断该游戏是否为天真型。是的话，为了患者的利益，应该允许该游戏继续，直到她的成人自我状态充分建立起来，足以应对反游戏带来的风险。如果不是，那么在患者做好充分准备，能够理解正在发生什么之后，治疗师需要抓住第一个适当的机会来实施反游戏策略。然后治疗师坚决拒绝提供建议，并且当患者开始抗议时，治疗师要让她明白，这并不是"一本正经的精神病学"，而是考虑周详的治疗方案。在适当的时候，治疗师的拒绝可能会激怒患者，或使患者产生急性焦虑症状。接下来，我们根据患者焦虑的严重程度采取下一步措施。如果患者过于烦躁，她的急性反应应该采取适当的精神病学或精神分析程序来处理，以重建治疗情境。在伪装型"乡下人"游戏中，第一个目标是将成人自我状态从伪善的儿童自我状态中分离出来，之后才能进行游戏分析。

在社交情境中，应避免与天真型"哇，你真了不起，穆加特罗伊德先生！"游戏者有亲密纠缠，任何一位明智的演员经纪人都会这样叮嘱他的客户。此外，玩伪装型"哇，你真了不起，穆加特罗伊德先生！"的女性如果能摆脱游戏，有时会变得睿智而有趣，最终成为家庭社交圈中令人愉快的人。

5. "精神病学"

正题。我们必须对作为程序的精神病学和作为游戏的"精神病学"进行区分。以适当临床形式发表在科学出版物上的已有证据表明，以下方法在治疗精神疾病方面很有价值：休克疗法、催眠、药物治疗、精神分析、矫正性精神病学和团体治疗。还有一些不太常用的方法，这里就不讨论了。这些疗法中的任何一个都可以用在"精神病学"游戏中，这个游戏基于的心理地位是"我是治疗师"，并以毕业证书作为支撑："它说了，我是治疗师。"不管怎样，应该注意到，这是一种建设性、善意的心理地位，玩"精神病学"游戏者可以做很多事，只要他们接受过专业训练。

这些人如果能适度降低治疗热情，可能对治疗效果更有益。对于反游戏，"近代外科之父"安布鲁瓦兹·巴雷（Ambroise Paré）很久之前有过最好的表述，实际上他说："我治疗他们，但上帝治愈他们。"每一位医学院的学生都知道这句格言，连同其他的诸如"首先，不要造成伤害""尊重自然的疼愈力量"等。不过，非医学背景的治疗师不太可能知道这些古老的警示，他们"我是治疗师，因为我有治疗师文凭"的心理地位可能会造成伤害，用类似"我将使用学过的治疗程序，希望它们能有所帮助"这样的表述代替可能更有利。这就避免了那些基于"因为我是治疗师，如果你没变好，那是你自己的问题"的游戏（比如"我只是想帮你"），或者基于"因为你是治疗师，我会为你变得好起来"的游戏（比如"乡下人"）。

当然，每一位有良知的治疗师一般都了解这些。无疑，每一位在声誉良好的心理诊所做过案例报告的治疗师都曾被提醒过。反过来说，好的心理诊所就是让它的治疗师认识到这些情况。

另一方面，曾接受过能力不足的治疗师治疗的患者更容易玩"精神病学"游戏。例如，有些患者会精挑细选，找出一些能力较弱的精神科医生，从一个到另一个，表明他们无法被治愈，与此同时，他们学习玩越来越苛刻的"精神病学"游戏，最后即便是顶级的临床工作者也难以分辨良莠。患者角度的复式沟通是：

成人自我状态："我来是想得到治愈。"

儿童自我状态："你永远都无法治愈我，但是你可以教我做更好的神经症患者（玩一种更好的'精神病学'游戏）。"

玩"心理健康"游戏与此类似，在这里患者的成人自我状态会说："如果我运用读过或听过的心理健康原则，一切都会变得更好。"一位患者从一位治疗师那里学会玩"精神病学"游戏，从另一位治疗师那里学会玩"心理健康"游戏，然后作为又一次努力的结果，开始玩更好的"沟通分析"游戏。这些问题，当治疗师与她坦白讨论后，她同意不再玩"心理健康"游戏，但是她请求允许她继续玩"精神病学"游戏，因为它能让她感觉舒服。这位沟通分析取向的治疗师同意了。在此后连续数月的时间里，她每周向治疗师报告自己所做的梦以及对于这些梦境的分析。最后，可能部分原因出于对治疗师的感激，她决定搞清楚自己的真正问题，认为这可能也很有趣。最终，她变得对沟通分析非常感兴趣，并取得了良好的治疗效果。

"考古学"游戏［该名称承蒙旧金山的诺曼·里德（Norman Reider）医生提供］是"精神病学"游戏的一种变体。在"考古学"游戏中，患者认为只要她能找出谁有这个按钮，可以这么说，一切都会突然变得好起来。这导致她不断反思童年的经历。有时，治疗师也许会被诱骗玩"评论"游戏，这时患者向治疗师描述自己在各种不同场合中的感受，然后治疗师告诉她哪儿有问题。"自我表达"在某些治疗团体中是一种常见游戏，基于"情绪是好的"的信条，例如，一位说粗俗话的患者可能在团体中得到其他成员的鼓掌喝彩，或至少是暗自称赞。然而有经验的治疗团体将很快发现这是一种游戏。

团体治疗中的某些成员非常擅长分辨"精神病学"游戏，他们很快会让一个新加入的患者知道，他们是否认为他在玩"精神病学"或"沟通分析"游戏，而不是通过团体程序获得合理的见解。一位从一个城市的自我表达团体转到另一个城市更为成熟的团体中的女性，讲述了有关她童年时一段乱伦关系的故事。每当她讲述这个故事时，她期待的是人们的敬畏之情，但新团体成员的反应很冷淡，她因此愤怒起来。她惊讶地发现，比起她的乱伦史，新团体成员对她在沟通中的愤怒更感兴趣。她用愤怒的语调大声说了一句在她心目中显然是最大羞辱的话——谴责团体成员不是弗洛伊德主义者。当然，弗洛伊德本人对待精神分析更加严谨，但也会通过声明自己不是弗洛伊德主义者来避免玩游戏。

最近，"精神病学"游戏的一种新变体被揭开面纱，称为"告诉我这个"，和聚会消遣中的"20个问题"有些相似。怀特讲述了一个梦或一件事，然后其他成员，通常包括治疗师在内，试图通过提问相关问题来解释它。只要怀特回答了这些问题，每位成员会继续提问，直到找到一个怀特无法回答的问题为止。

接下来，布莱克带着会心的神情坐下来，好像在说："要是你能够回答那个问题，那你肯定会好起来，所以我已经尽了我的职责。"（这是"你为什么不——是的，但是"游戏的"远亲"。）有些治疗团体几乎完全基于这个游戏，可能持续数年只取得了微小的改变或进步。"告诉我这个"游戏给了怀特（患者）很大的自由，比如他可以通过感到徒劳无益来配合玩这个游戏；也可以通过回答所有问题来进行反击，不过在这种情况下其他游戏者很快就会流露出愤怒和沮丧，因为怀特在反击他们："我已经回答了你们提出的所有问题，可你们还是没有治愈我，那你们算什么？"

"告诉我这个"游戏也发生在教室里。学生们知道某类老师提出的开放式问题不是通过处理实际数据找出正确答案，而是通过看透几个可能的答案中哪些回答能令老师满意。在古希腊语的教学中，常出现一种卖弄学问式变体；教师总是占学生的上风，让学生看上去很愚蠢，并通过指出课本中的一些晦涩难懂的特征来加以证明。在希伯来语课堂上也经常玩这个游戏。

▎6. "愚蠢"

正题。"愚蠢"游戏较为温和的形式，其主题是"我和你一起嘲笑我的笨拙和愚蠢"。然而，精神问题比较严重的人，会以一种沉闷的方式玩这个游戏，意思是说："我很蠢，我就是这样，所以你来帮帮我吧。"这两种游戏形式都基于抑郁的心理地位。我们要区分"愚蠢"和"笨手笨脚的人"这两个游戏，后者更具有攻击性，游戏者的笨拙是为了获得原谅。"愚蠢"游戏也应与"小丑"区分开来。"小丑"不是游戏，而是消遣，它强化了"我既可爱又无害"的心理地位。对怀特来说，"愚蠢"游戏中的关键沟通是促使布莱克骂他蠢，或者采用觉得他蠢的方式回应他。因此怀特表现得像个"笨手笨脚的人",但他并不请求原谅;事实上,原谅会让他觉得不安,因为这威胁到他的心理地位。或者,他表现得很滑稽,但他没有开玩笑的意思;他希望别人能够认真对待他的行为,作为自己真的愚蠢的证据。在该游戏中有相当大的外在获益,因为怀特学习越少,游戏玩得越有效。怀特在学校里无须学习,在工作中也不需要特意学习任何可能使自己获得晋升的东西。他从小就明白,只要他愚蠢,每个人都会对他感到满意,尽管有些表达是相反的意思。人们惊讶地发现,当面临压力的时候,如果他决定挺过来,这证明他一点都不蠢——就像童话故事里那个"愚蠢"的小儿子一样。

反游戏。温和形式的反"愚蠢"游戏很简单,就是不去玩,即不嘲笑游戏者的笨拙或指责他的愚蠢,反游戏者能够和游戏者建立一生的友谊。微妙之处在于,该游戏的游戏者往往是循环性精神病患者或躁狂抑郁症患者。这种人处于兴奋状态时,好像真的希望伙伴加入他们对自己的嘲笑中。这通常很难拒绝,因为他们给人的印象是他们会怨恨节制者——在某种程度上,他们确实会这样做。因为节制者会威胁到游戏者的心理地位并破坏这个游戏。不过,当游戏者处于抑郁状态时,又会公开地对那些和他们一起嘲笑或嘲笑他们的人表示怨恨。此时,那些节制者知道自己的行为是对的。他可能是患者孤独时唯一愿意与之共处一室或交谈的对象,而此前所有享受该游戏的"朋友"都被视为敌人。

告诉怀特他并不愚蠢，这样做完全没用。他可能确实智商不高，而且他心里也清楚这一点，游戏就是这样开始的。不过，在某些特殊领域，他可能有自己的优势：通常心理洞察力就是其一。对于这种特殊才能表示应有的尊重并无害处，但不同于笨拙地试图"宽慰"。后者可能给怀特带来苦涩的满足，因为他意识到其他人甚至比他更愚蠢。不过这只是小小的安慰。这种"宽慰"当然并非最明智的治疗程序；它通常只是"我只是想帮你"游戏中的一个步骤。"愚蠢"的反游戏，并不是用另一种游戏来替代它，而只是克制玩"愚蠢"游戏。

沉闷型的反游戏会更复杂，因为沉闷型的游戏者并非想激起他人的大笑或嘲笑，而是无助或愤怒，游戏者完全有能力应对他的挑战——"所以你来帮帮我吧"。如此，游戏者无论如何都会获胜。如果布莱克什么都不做，这是因为他非常无助；而如果他采取了行动，那说明他被激怒了。所以，沉闷型"愚蠢"游戏的游戏者，很容易玩"你为什么不——是的，但是"游戏，通过这个游戏，他们可以以更温和的形式获得同样的满足感。在这种情况下没有轻松的解决方法，如果我们不能更清晰地认识该游戏的心理动力，未来也很难找到简单的解决办法。

▌ 7. "木头腿"

正题。 "木头腿" 游戏最戏剧化的形式是 "以精神失常为借口"。这翻译成沟通分析术语就是: "你对像我这样情绪紊乱的人, 还期望什么呢? ——我克制住自己不杀人吗? " 对此, 陪审团被要求做出回应: "当然不是, 我们不会对你施加这样的限制。" 作为一种法律游戏, "以精神失常为借口" 被美国文化所接纳, 但它不同于那个几乎受到普遍尊重的原则: 一个患有非常严重的精神病的人, 通情达理的大众不会期待他为自己的行为负责。在日本, 醉酒常作为逃避各种过激行为责任的借口; 在俄罗斯, 借口则是战时兵役。(根据本书作者了解到的信息。)

"木头腿" 游戏的主题是: "你对一个装着木头腿的人, 还能有什么期望呢? " 如此一来, 当然, 没有人会对装着木头腿的人抱有任何期望, 只希望他能控制好自己的轮椅。另一方面, 第二次世界大战期间, 在陆军医院截肢中心, 有一个装着木头腿的男人经常表演吉特巴舞蹈, 他跳得非常好。此外, 还有些盲人做律师或从政(其中有一位盲人成了作者家乡的现任市长); 聋哑人从事精神科医生的工作; 失去双手的人能使用打字机。

只要一个患有真实或夸大甚至是想象出来的残疾的人对

自己的命运感到满意，可能没有人应该加以干涉。不过，当他接受精神科治疗的那一刻，问题就来了：他是否在利用自己的生命为自己争取最大的利益，他是否能超越自己的残疾？在美国，治疗师的工作将与大量受过教育的公众舆论相对立。即便是曾最大声地抱怨患者的残疾所造成的不便的患者亲属，如果病人的病情取得了明显的改善，可能他们最终也会攻击治疗师。虽然这对游戏分析师而言是很容易理解的，但这依然使他的工作很困难。如果患者表现出独自行动的迹象，那么所有玩"我只是想帮你"游戏的游戏者，都会因为游戏即将中断而感受到威胁。有时，他们会采用几乎不可思议的措施来终止患者的治疗。

在讨论"贫困"游戏时，我们提到过布莱克小姐的那位口吃的来访者的案例，上述两方面在此案例中均可得到说明。这位来访者玩的正是"木头腿"游戏的经典形式。他找不到工作，并恰当地归咎于自己口吃的事实，因为他声称他唯一感兴趣的工作是销售。身为一名自由公民，他有权在任何领域选择工作机会，但作为口吃者，他的选择让人怀疑他的动机是否单纯。当布莱克小姐试图打破这个游戏时，帮助机构的反应却对她非常不利。

"木头腿"游戏在临床治疗过程中尤其有害，因为患者可能会找到以同样的借口玩相同游戏的治疗师，结果使治疗毫无进展。"以意识形态为借口"相对容易实现："对生活在我们这种社会里的人，你还能期待什么呢？"有位患者将它与"以身心疾病为由"相结合："对一个患身心疾病的人，你还能期待什么呢？"他找了许多治疗师，治疗师都只能接受其中一个借口，而拒绝另一个。因此，没有一个治疗师可以同时接受两个借口使患者在当下的状态下感到舒服，也没有治疗师可以通过拒绝两个借口来使患者改变。因此，他证明了精神病学对人毫无帮助。

患者常用来为其症状行为辩护的借口有：感冒、脑损伤、环境压力、现代生活的压力、美国文化以及经济体系。有文化的游戏者很容易找到权威来支持自己，比如："我喝酒是因为我是爱尔兰人。""要是我生活在苏联（或塔希提岛），事情就不会发生。"事实上，在苏联（或塔希提岛）精神病院的患者和在美国公立医院的患者十分相似[1]。在临床工作中，应当对一些特殊借口，诸如"要不是因为他们"或"他们让我很失望"始终进行仔细评估，在社会学研究项目中也是如此。

略为复杂的借口诸如："对一个来自破碎家庭的人／神经症患者／正在接受精神分析的人／酒精中毒者，你希望他怎么样呢？"处于所有这些之上的是："如果我停止这么做，我就无法对它进行分析，那么我将永远不能变好。"

与"木头腿"游戏相反的是"人力车"游戏，其主题是：

"在这个镇上，要是他们有人力车 / 鸭嘴兽 / 说古埃及语的女孩的话，我就不会陷入这种处境。"

反游戏。如果治疗师可以清晰地区分自己的父母自我状态和成人自我状态，并且治疗师和患者都能明确治疗目标，那么对抗"木头腿"游戏就不难。

处于父母自我状态时，他可能是"和善"的，也可能是"严厉"的。作为"和善"的父母自我状态，他能接受患者的借口，尤其是当患者的借口恰好符合他的观点时。其中可能存在一些合理化的借口，即认为在完成治疗之前，患者无法对自己的行为负责。反之，作为"严厉"的父母自我状态，治疗师会拒绝患者的借口，与患者进行一场意志的较量。对于"木头腿"游戏者来说，他熟悉这两种态度，而且懂得如何从每种态度中获得最大化的满足。

作为成人自我状态，治疗师会拒绝这两种机会。如果患者问："对于一位神经症患者，你还能希望他怎么样呢？"治疗师可以回答："我对你没有任何期望。问题在于，你对自己有什么期望？"治疗师唯一的要求是让患者认真回答这个问题，而他做出的唯一的让步是给予患者充足的时间——6 个星期到 6 个月不等——回答这个问题，这取决于他们之间的关系及患者之前的准备。

第十二章　好游戏

Good Games

精神科医生是充分研究游戏的最好的也可能是唯一的人选。不幸的是，他们应付的几乎全是那些因为游戏而陷入困境的人。这意味着供临床研究的游戏在某种意义上都是"糟糕的"。且因为根据定义，游戏是建立在隐蔽沟通基础上的，所以它们必定包含某种利用的成分。基于这两个原因，一方面是实践原因，另一方面是理论原因，寻找好游戏变成了一项艰巨的任务。好游戏可以被描述为它的社会贡献超过了它的复杂动机，尤其是当游戏者能够接受这些动机而并不感到徒劳或愤世嫉俗时。也就是说，好游戏既能够让其他玩家感到幸福，又能促进玩家自身的发展。即便是在最好的社交活动和社会组织中，大部分时间也被用来玩游戏，所以我们必须孜孜不倦地寻找"好"游戏。本章我们提供了一些例子，但不可否认，无论在数量上还是质量上都存在不足。这些游戏包括"照常工作的假日""献殷勤的绅士""乐于助人""平凡的智者""他们会很高兴认识了我"。

1."照常工作的假日"

正题。严格地说，这是一种消遣，而不是游戏，并且显然这种消遣对所有参与者都是建设性的。一位美国邮递员前往东京度假，帮助一位日本邮差，或者一位美国耳鼻喉科专家花度假时间去海地医院工作。他们很可能同样感到精神振奋和有好故事可讲，就如同在非洲猎狮或开车穿过横贯大陆的高速公路一样。和平部队现在已经正式批准了照常工作的假日。

然而，如果这种工作从属于某些隐藏的动机，而且开始工作仅仅是为了完成一些别的事情的幌子，那么"照常工作的假日"就变成了游戏。然而，即使在这种情况下，它依然保持着建设性的品质，并且是值得赞扬的对其他活动的掩盖方式之一。

2."献殷勤的绅士"

正题。这是一个没有性压力的男人玩的游戏——有满意婚姻或私情的年轻男人偶尔会玩，更经常玩的是接受一夫一妻制或独身的年长男人。一旦遇到一位合适的女士，怀特会抓住一切机会来赞美她的优秀品质，从不超越与她的生活地位、当时的社会状况和良好品位要求相适应的界限。但在界限之内，怀特会充分发挥自己的创造力、热情和独创性。他的目标不是勾引这位女士，而是展现自己在有效赞美方面的精湛技巧。该游戏的内在社交获益在于，这种无害的艺术性技巧给女士带来的快乐，以及她感激的回应给怀特带来的快乐。在适当的情况下，双方都意识到游戏的本质，随着双方越来越高兴，发展到彼此互相称赞至过分的程度。一个懂得人情世故的男士，知道何时停止游戏，他会在他的赞美不再令人愉快（出于对女士感受的考虑）或他的恭维水平开始下降（出于对他的技巧感到骄傲的考虑）前停止游戏。对诗人来说，他们玩"献殷勤的绅士"游戏是出于外在社交获益。诗人除了对赋予他们灵感的女士的反应感兴趣，对专业的评论家和公众的赞赏同样甚至更感兴趣。

浪漫的欧洲人，富有诗意的英国人，似乎总是比美国人更适合玩这个游戏。在我们国家，这个游戏基本落入了水果摊诗派手里："你的眼睛像牛油果""你的嘴唇像黄瓜"等。水果摊型"献殷勤的绅士"在优雅方面很难比得上赫里克和洛夫莱斯的作品，甚至也比不上罗切斯特、多斯康芒和多塞特的愤世嫉俗但富有想象力的作品。

反游戏。女士要演好自己的角色，需要一定的老练。要完全拒绝玩这个游戏，就需要显得冷漠或愚蠢。适当的恭维是

"哇，你真了不起，穆加特罗伊德先生！"的变体，即"穆加特罗伊德先生，我很欣赏你的作品"。如果她过于呆板或反应迟钝，可能会简单地回答："哇，你真了不起，穆加特罗伊德先生！"却没有抓住要点：怀特希望获得称赞的是他的作品，而不是他自己。对于这个游戏，闷闷不乐的女士会做出的冷酷的反游戏是玩第二级"挑逗"游戏（"走开，混蛋"）。可能发生的第三级"挑逗"游戏，在这种情况下的反应当然会难以形容地糟糕。如果这位女士只是愚蠢，她可能会玩第一级"挑逗"游戏，用对方的赞美来满足自己的虚荣心，而忽略了对怀特的创造性努力和能力的感激。一般来说，如果女士把男士的恭维当作试图引诱，而不是作为一个文学展示，那么这个游戏就会被破坏。

相关游戏。作为游戏的"献殷勤的绅士"，应该与直接求爱时进行的操作和程序加以区分，后者是不包含隐蔽动机的简单沟通。"献殷勤的绅士"游戏的女性版本可称为"谄媚"，通常，勇敢的爱尔兰女士在晚年会玩这个游戏。

游戏分析

目的：相互欣赏。

角色：诗人、被恭维的人。

194

社会层面的沟通： 成人自我状态—成人自我状态。

成人自我状态（男士）："看，我能让你感觉多好。"

成人自我状态（女士）："哎呀，但是你让我感觉很好。"

心理层面的沟通： 儿童自我状态—儿童自我状态。

儿童自我状态（男士）："看我能创作出多么好的措辞。"

儿童自我状态（女士）："哇，但是你真的很有创意。"

获益：（1）内在心理获益——创造力及从他人那里确认自己的吸引力；（2）外在心理获益——避免拒绝不必要的性冒犯；（3）内在社交获益——"献殷勤的绅士"；（4）外在社交获益——这些可以放弃；（5）生理性获益——相互安抚；（6）存在性获益——我能优雅地生活。

3. "乐于助人"

正题。 怀特带着一些隐蔽动机，始终帮助别人。他可能在为过去的不道德行为赎罪，也可能是在掩盖现在的恶行，也有可能是为了广交朋友以便日后利用他们，或是为了谋求威望。但无论谁质疑他的动机，都必须对他的行为予以肯定。毕竟，人们可以通过变得更加不道德来掩盖曾经的不道德，通过恐吓而非慷慨来利用他人，通过邪恶而不是善良的方式来获得名望。有些慈善家对竞争比对慈善更感兴趣："我捐的

钱（艺术品、土地）比你多。"同样，即使他们的动机受到
质疑，他们建设性的竞争方式也必须获得赞扬，因为有太多
人在用破坏性的方式竞争。玩"乐于助人"游戏的人（人们）
既有朋友，也有敌人，这取决于对方的感受。敌人会攻击其
动机，贬低其行为，而朋友则会感激其行为，忽略其动机。
因此，对该游戏所谓"客观"的讨论几乎不存在。声称"中
立"的人很快就会表明他们是站在哪一方中立的。

该游戏作为一种剥削策略，是美国很大一部分"公共关
系"的基础。但顾客很乐意参与其中，这可能是最令人愉快
和最具有建设性的商业游戏。在另一种关系中，这个游戏最
应被谴责的形式之一是一种三人家庭游戏。在游戏中，母亲
和父亲共同争夺孩子的爱。但即便如此，也应该注意到，选
择"乐于助人"能消除一些负面影响，因为有太多不愉快的
竞争方式：比如"妈妈比爸爸的病更严重"或者"你为什么
爱他多于爱我？"。

▌ 4."平凡的智者"

正题。严格地说，"平凡的智者"是一个脚本而非游戏，
但它具有类似于游戏的方面。一位受过良好教育且见多识广
的人，在工作之余，还尽可能多地学习各种知识。当他到了

退休年龄时，从他身居要职的大城市搬到一个小镇上定居。在那里，人们很快知道，有任何问题都可以去找他。从发动机的撞击声到年迈的亲戚，如果他有能力会亲自帮助他们，否则就会把他们介绍给合格的专家。所以，他很快在新环境中找到了自己的位置，作为一个"平凡的智者"，他从来不做作，但总是愿意倾听别人的烦恼。人们玩这个游戏的最好形式是：人们已经不怕麻烦地去找精神科医生检查自己的动机了，并在扮演这个角色之前已经了解应该避免什么错误了。

5. "他们会很高兴认识了我"

正题。这是"我要让他们看看"游戏的一种更有价值的变体。"我要让他们看看"游戏有两种类型。在破坏性类型中，怀特通过对他们造成伤害来"让他们看看"。因此，他可能会使用策略使自己爬到一个较高的位置，他这么做并不是为了名望或物质奖励，而是为了获得发泄的权力。在建设性类型中，怀特努力工作，尽一切努力获得名望，不是为了提高技能或取得合法成就（尽管它们可能起次要作用），也不是为了给他的敌人造成直接的伤害，而是想让他们因为没有好好对待他而陷入嫉妒和后悔。

在"他们会很高兴认识了我"游戏中，怀特不再反对以前的同事，而是为了他们的利益而努力。他想向前同事证明：他们以友好和尊重的态度来对待他是正确的，并且想向他们展示，他们的判断是明智的，他们可以对自己感到满意。为了在游戏中稳操胜券，他的方法和目的都必须高尚，而这正是它相比于"我要让他们看看"的优势。"我要让他们看看"和"他们会很高兴认识了我"可能只是成功的次要获益，而非游戏。只有当怀特对自己施加于敌人或朋友的影响比成功本身更感兴趣时，它们才变成了游戏。

PART

III

Beyond Games
超越游戏

第十三章　游戏的意义

The Significance of Games

（1）游戏会被一代代传下来。任何个人最喜欢玩的游戏，都可以追溯到他的父母和祖父母，并且能传给他的孩子。除非得到有效干预，否则他又将依次传给他的孙辈。所以游戏分析发生在宏大的历史背景中，显然可以追溯到100年前，并能可靠地至少预测未来50年。打破这条涉及五代或更多代的链条，有可能会产生几何级递增的效果。很多在世的人有200多个后代。游戏在代代相传中可能会被削弱或改变，但似乎有一种强烈的倾向，那就是人们会与玩同一家族游戏的人结婚，即使并不是完全相同的游戏种类。这就是游戏的历史意义。

（2）"抚养"孩子主要是在教他们玩游戏。不同的文化和不同的社会阶层喜欢玩不同类型的游戏，不同的部落和不同的家庭喜欢玩同类游戏的不同变体。这就是游戏的文化意义。

（3）游戏处于消遣和亲密之间。消遣在不断重复中变得无聊，促销鸡尾酒会也是如此。亲密需要非常谨慎，而且还会被父母自我状态、成人自我状态和儿童自我状态歧视。社会不赞成直率，除非在私下；理性的人知道它总是被滥用；儿童自我状态害怕它，因为它涉及揭露。因此，为了摆脱消遣的无聊，同时也不将自己暴露在亲密关系的危险中，大多数人在条件允许的情况下，都会妥协选择游戏，而这些游戏使社交的大部分时间更有趣。这就是游戏的社交意义。

（4）人们往往会选择和玩相同游戏的人做朋友、同事和知己。所以，某一特定社交圈（上层社会、少年团体、社交俱乐部、大学校园等）的重要人物，其行为方式对于不同社交圈的成员来说可能相当陌生。相反，如果一个社交圈中的任何一个成员改变了他的游戏，就可能被这个圈子排挤，但他可能会发现，自己在其他社交圈中很受欢迎。这就是游戏的个人意义。

注释

读者现在应该明白，数学博弈分析和沟通游戏分析之间的基本差异了。数学博弈分析假定游戏者是完全理性的，而沟通游戏分析所处理的是不理性甚至荒谬的游戏，所以更加真实。

第十四章

游戏者

The Players

　　很多游戏都是有心理疾病的人玩得最激烈。一般来说，一个人的心理疾病越严重，他玩得越激烈。然而，奇怪的是，有些精神分裂症患者似乎拒绝玩游戏，而且从一开始就要求坦率。在日常生活中，有两类人是最执着的游戏者，第一种是"生气的人"，第二种是"笨蛋"或"古板的人"。

　　"生气的人"是一个对母亲生气的男人。经调查发现，他在很小的时候就对母亲生气了。他生气往往有很好的"儿童自我状态"的理由：母亲可能在他童年的关键时期，因为生病住院"抛弃"了他，或者给他生了很多兄弟姐妹。母亲有时是故意抛弃他，她可能为了再婚，把他寄养在别人家。不管怎样，从那时起，他就一直在生闷气。他不喜欢女性，尽管他可能是个花花公子。因为从一开始，他生气就是故意为之，所以在生命的任何时期，生气的决定都可以撤销，就像童年时到了晚饭时间就不再生气了一样。让已经成年的"生气的人"撤销决定，需要的条件和小男孩是一样的。他必须能够挽回面子，而且必须给他一些有价值的东西以换取其生气的特权。有时候，做出撤销生气的决定后，一个原本会持续多年的"精神病学"游戏可能会提前中止。这需要帮助患者仔细准备，也需要合适的时机和方法。正如对生气的小男孩一样，治疗师的笨拙或恃强凌弱对患者没有效果；从长远来看，患者会报复治疗师的不当行为，就像小男孩最后会报复粗鲁失职的父母一样。

对于女性"生气的人"游戏者生父亲的气，那么情况是一样的，只需对上述"生气的人"做适当修改。男性心理治疗师需要更有策略地处理她们的"木头腿"游戏，否则他就可能被患者视为"像父亲一样的男人"而有被抛弃的危险。每个人的内心都有一些"笨蛋"的影子，游戏分析的目的是使"笨蛋"保持在最低程度。"笨蛋"往往是对父母自我状态的影响过度敏感的人。所以其成人自我状态的数据处理能力和儿童自我状态的自发性，都可能在关键时刻受到困扰，结果出现不恰当或笨拙的行为。在极端情况下，"笨蛋"可能会与谄媚、炫耀或依赖行为相结合。请注意不要把"笨蛋"和令人困惑的精神分裂症患者混淆，后者没有正常功能的父母自我状态，而且成人自我状态的功能也几乎没有，所以他们只能以一种混乱的儿童自我状态应付世界。有趣的是，"笨蛋"一般是适用于男性的绰号，或在极少数情况下，用于有阳刚之气的女性。"一本正经的人"要比"笨蛋"更加古板，在英语中这个词一般用来形容女性，偶尔也会用在一些有阴柔气质的男性身上。

第十五章 一则范例

A Paradigm

思考患者和治疗师之间的对话。

患者："我有一个新计划——做到准时。"

治疗师："我会努力配合你的。"

患者："我不关心你怎么样，我是为自己这么做的。猜猜我在历史考试中得了多少分？"

治疗师："B+。"

患者："你怎么知道的？"

治疗师："因为你害怕得 A。"

患者："对，我原本能得 A，但是我检查了试卷，划掉了 3 个正确答案，填成错误的了。"

治疗师："我喜欢这样的谈话，完全看不到'笨蛋'的影子。"

患者："你要知道，昨晚我在想自己到底取得了多少进步。我感觉我现在只剩下 17% 的'笨蛋'了。"

治疗师："嗯，从今天早上到现在为止是 0。所以下一轮你可以享受 34% 的折扣。"

患者："这一切都始于六个月前，当时，我正在看着我的咖啡壶，那是我第一次真正看见它。你知道现在是什么样子吗？我听到鸟儿在唱歌，我看着人们，他们作为人真真切切地在那里，而且最重要的是，真正在那里。我不仅在那里，而且现在我也在这里。不久前的一天，我在画廊里欣赏一幅画，一个男人走过来说：'高更*的画非常棒，不是吗？'我回答说：'你也很不错。'然后我们一起去喝了一杯，他是一个非常好的人。"

以上展现的是，发生在两个独立自主的成人自我状态之间的没有游戏、也没有"笨蛋"的对话。我对这段对话有以下注解。

"我有一个新计划——做到准时。"这一声明是在事后宣布的。这位患者几乎总是迟到，但这一次她没有。假如准时到达是一种决心、一种体现意志力的行为、一种由父母自我状态对儿童自我状态的强迫，只会被打破，那么声明一定会在事前被宣布："这是我最后一次迟到。"这只是在试图建立游

---

* 保罗·高更（Paul Gauguin, 1848—1903），法国后印象派画家、雕塑家。

戏。她的声明并非如此。这是一个成人自我状态的决定，是一个目标，并非一种决心。患者后来仍旧很守时。

"我会努力配合你的。"这并不是一个"支持性"的声明，也不是"我只是想帮你"游戏的开端。患者的会谈时间是在治疗师的咖啡时间之后。由于她习惯性地迟到，治疗师也逐渐养成慢慢悠悠、很晚才回诊室的习惯。当患者发出声明时，治疗师清楚她是认真的，因此也发出自己的声明。这轮沟通是双方在成人自我状态下所确定的合约，而不是儿童自我状态在戏弄一个父母自我状态式的人物。治疗师并非因为他的身份而感到被迫要当个"好爸爸"，并说出他会配合的话。

"我不关心你怎么样。"这强调了她的准时是一个决定，而非作为伪顺从游戏的一部分而被利用的决心。

"猜猜我在历史考试中得了多少分？"这是一种消遣，双方都意识到这一点，并且都觉得可以自由沉迷其中。治疗师并不需要通过告诉她这是一个消遣来展示他是多么警觉。患者已经清楚，没必要因为这被称为消遣就克制自己不去玩它。

"B+。"就患者的情况而言，治疗师认为这是她唯一可能取得的成绩，并且没有理由不这样说。虚伪的谦虚或对错误的恐惧，可能会导致他假装不知道。

"你怎么知道的？"这是成人自我状态的提问，而不是在玩"天啊，你真棒"的游戏。所以，应当得到恰当的回应。

"对，我原本能得 A。"这是真正的考试。患者并没有因为合理化或借口而生气，而是诚实地面对她的儿童自我状态。

"我喜欢这样的谈话。"这句和接下来半开玩笑的话，都是成人自我状态在相互表达尊重，也许还有一点父母自我状态—儿童自我状态的消遣。对于这一点，双方都有所觉察，并且双方可以自由选择是否继续下去。

"那是我第一次真正看见它。"她现在有能力有自己的意识，不再按照父母告诉她的方式被迫去看咖啡壶和人们。

"现在我也在这里。"她不再活在未来或过去，如果有用的话，她可以简短地讨论它们。

"我回答说：'你也很不错。'"她不再感到必须花时间和新来的人一起玩"画廊"游戏，尽管如果她选择的话，她可以玩。

就治疗师而言，他不再感到必须玩"精神病学"游戏。他有好几次提出关于防御、移情和象征性解释等问题的机会，但他能够放开这些问题而不感到任何焦虑。不过，弄清她在考试中划掉了哪些答案以供将来参考，似乎还是值得的。不幸的是，在剩下的时间里，患者身上剩下的 17% 的"笨蛋"和治疗师身上剩下的 18% 的"笨蛋"会不时地出现。综上所述，以上会谈的过程成了点缀着一些消遣的活动。

第十六章 自主性

Autonomy

自主性的获得可以通过三种能力——觉察、自发性和亲密的释放或恢复得以展现。

觉察。觉察意味着用自己的方式看见咖啡壶、听到鸟鸣，而不是用被教导的方式。我们有充分的理由假定，婴儿的看和听与成年人有本质的差异[1]，在生命的初期，他们更具有审美力，不那么智慧。一个小男孩带着愉悦看鸟，听鸟叫。然后他的父亲走过来，觉得自己应该"分享"这个经历，并帮助他的儿子成长。他说："这是松鸦，那是麻雀。"此时，小男孩开始关心哪只是松鸦，哪只是麻雀，他再也看不见鸟，也听不见它们唱歌了。他不得不按照父亲希望的方式去看和听。而对父亲来说，他这样做有充分的理由。因为很少有人能担负得起一生这样聆听鸟儿唱歌的生活，所以对小男孩的教育越早越好。小男孩在成年后可能会成为一位鸟类学家。然而，有一些人仍然可以用儿时的方式看到和听到。但人类的大多数成员丧失了成为画家、诗人或音乐家的能力。即使他们有能力，也不会按照自己的方式直接看和听；他们一定是间接获得它们的。我们将这种能力的恢复称为"觉察"。生理上的觉察是一种异常清晰的感知，类似于遗觉表象 [2]。至少某些人，可能在味觉、嗅觉和运动觉方面有清晰的认知，这使他们成为这些领域的艺术家——厨师、香水师和舞蹈家。他们始终要面对的一个问题是：找到懂得欣赏他们作品的观众。

觉察需要人活在此时此地，而不是其他地方、过去或者未来。早上匆忙开车去上班，很好地说明了美国人生活中的各种可能性。那么决定性的问题是："当身在此处时，心思在何处？"有以下三种常见的情况。

（1）一个以准时到公司为首要目标的人，他的心思离身体最远。他的身体在汽车方向盘旁边，心思早已到了办公室门口。他根本不会在意周围的环境，除非它们成了他们身体追赶灵魂的障碍。这种人就是"笨蛋"，他们最在乎的是老板对自己的看法。如果他迟到了，就会气喘吁吁地尽快到达。他的顺从的儿童自我状态占据主导地位，他玩的是"看我多么努力"。当他开车的时候，几乎完全失去了自主性。作为一个人，他在本质上已经死去。这种情况很可能导致高血压或冠心病。

（2）另一方面，比起自己能否准时到达，"生气的人"更关心为迟到收集借口。车祸、交通灯时间不合适、其他人驾驶技术差或愚蠢，都因符合他的计划而受到秘密欢迎，因为这些都为他叛逆的儿童自我状态或正义的父母自我状态的游戏——"看他们让我做了什么"做了贡献。除了对游戏有利的事物以外，他也对周围其他事物视而不见，所以他只是半活着的状态。虽然他的身体在车里，心思却在外面寻找瑕疵和不公平。

（3）还有一类不常见的"天生的司机"。对他而言，开车是一项适意的科学和艺术。当他快速而熟练地穿过车流时，他与车已融为一体。除非周围的环境为他发挥技能提供了空间，这本身就是一种奖励，否则他也会对周围的环境视而不见。但他对自身及其所操控的机器有非常好的觉察，从这个意义上说，他是活着的。这种驾驶在形式上是一种成人自我状态的消遣，他的儿童自我状态和父母自我状态也能从中获得满足。

（4）第四种是保持觉察的人。他不会匆忙，因为他活在当下的环境中：天空、树木以及动的感觉。匆忙行事会让人忽视周围的环境，只关注未来还没发生的事、障碍物或仅仅是自己。一位中国人准备搭乘当地的地铁，这时，他的白人同伴说，乘坐快速列车可以节省20分钟，于是他们这样做了。当他们到达中央公园后，中国人坐在公园的长椅上，这让他的同伴很诧异。中国人解释道："既然我们节省了20分钟，就可以在这里坐那么长时间，享受周围的景色。"

觉察者是真正活着的人，因为他知道自己的感受，知道自己身处何时何地。他知道当自己死后，树还会在那里，但自己将无法再次在那里欣赏它们。所以，他现在想尽可能深刻地看看它们。

自发性。自发性意味着选择，即选择和表达各种感受（父母自我状态、成人自我状态、儿童自我状态）的自由。它也意味着解放，即从玩游戏的冲动和只拥有被教导的感受中解脱。

亲密。亲密意味着一个有觉察能力的人自发的、摆脱了游戏的坦诚，意味着具有敏锐洞察力、没有受到污染的儿童自我状态的解放，使他带着全部的纯真生活在此时此刻。实验表明[3]，敏锐的洞察力可以调动情感，坦率能调动积极的情绪。因此，甚至存在一种"单向亲密"的关系，虽然不叫这个名字，却是职业引诱者很熟悉的现象，他们能够俘获同伴，而不让自己卷进去。他们是这样做的：鼓励对方直视自己，并自由地交谈，而男性或女性引诱者做出的只是小心翼翼的伪装回应。

从本质上来说，亲密是自然儿童自我状态的功能（尽管是在心理和社会的复杂环境中表达的），如果没有受到游戏的干扰，将带来良好的结果。通常，顺从父母自我状态的影响会破坏亲密关系。不幸的是，这个现象几乎普遍存在。但是在受到污染之前，大部分婴儿似乎都充满爱[4]，实验表明，这就是亲密关系的本质。

第十七章 自主性的获得

The Attainment of Autonomy

从孩子出生的那一刻起，父母就有意或无意地教孩子如何为人处世、思考、感觉和感知。想从这些影响中解脱并不是一件容易的事，因为它们根深蒂固，对人生的前二三十年的生理生存与社交生存至关重要。实际上，这种解脱是可能的，因为一个人是从自主状态，即能够觉察、自发和亲密开始的，并且对于接受父母教导的哪一部分有一定的判断力。在生命早期的某些特定时刻，他会决定如何适应父母的影响。正是因为他的适应从本质上来说是一系列的决定，所以才可以被撤销，因为在有利的情况下决定可以逆转。

因此，想获得自主性，需要推翻在第十三章、第十四章和第十五章中讨论过的所有不相关的东西。这样的推翻永远不会结束：为避免退回到老路上去，要进行持续的斗争。

首先，正如第十三章所讨论的，整个部落及家族历史传统的重压必须被移除，就像玛格丽特·米德（Margaret Mead）所研究的新几内亚村民一样 [1]；然后，必须移除个体的父母、

213

社会以及文化背景的影响。当代社会的需求也必须采取同样的做法。最后，个体从社会圈获得的利益必须部分或全部抛弃。之后，正如第十四章中所描述的，做"生气的人"或"笨蛋"的所有放纵和奖励都必须放弃。在此之后，个体必须获得个人控制和社会控制，以便使附录中描述的所有类别的行为（除了梦以外），都成为个人意志的自由选择。然后，他做好了建立无游戏的关系的准备，正如第十五章所描述的范例一样。此时，他可能能够发展自主能力。从本质上来说，整个准备过程就是一个人与父母自我状态友好地脱离的过程（以及与其他父母自我状态的影响分离）。如此他们可能偶尔还会愉快地来访，但不再占主导地位。

第十八章　游戏之后是什么

After Games, What?

　　在本书第一部分和第二部分呈现出一幅灰暗的画面，在其中人们的生命主要是一个填充时间的过程，直到死亡或圣诞老人到来。在漫长的等待期间，人们要做什么几乎没有选择。这幅灰暗的画面看似普遍，但并非终极答案。对于某些幸运的人来说，他们拥有某些超越所有行为类型的东西，那就是觉察；拥有某些超越了过去程序化的东西，那就是自发性；以及比游戏更有价值的东西，那就是亲密。可是对于没有做好准备的人来说，这三种东西可能是可怕的，甚至危机四伏。也许，他们保持原样更好，用流行的社交技巧，比如"和睦相处"，来寻求他们的解决方案。这可能意味着对整个人类不抱什么希望，然而，对于个体来说，仍然有希望。

附录：行为分类

Appendix : The Classification of Behaviour

在任何给定的时刻，人们必然会参与下述行为分类里的一种或多种行为。

类别Ⅰ. 内在程式化（来自早期心灵）行为。孤独症行为。

顺序：（a）梦

（b）幻想

包括：ⅰ.对外幻想（愿望的实现）

ⅱ.自闭沟通，无法适应外部环境

ⅲ.自闭沟通，可以适应外部环境
（带有新心灵的程序）

（c）神游

（d）妄想行为

（e）不自主的行为

包括：ⅰ.抽搐

ⅱ.怪癖

ⅲ . 动作倒错

（f）其他

类别Ⅱ . 可能性程式化行为（来自新心灵）。检验现实行为。

顺序：（a）活动

包括：ⅰ . 职业活动、贸易等

ⅱ . 体育活动、爱好等

（b）程序

包括：ⅰ . 数据处理

ⅱ . 技术

（c）其他

类别Ⅲ . 社交程式化行为（部分来自外在心灵）。社交行为。

顺序：（a）仪式和典礼

（b）消遣

（c）操作和操纵

（d）游戏

亚型：A. 职业游戏（角型沟通）

B. 社交游戏（复式沟通）

（e）亲密

在此系统中，本书前面讨论的社交游戏分类如下：类别Ⅲ，社交程式化；顺序（d），游戏；亚型 B，社交游戏。

"亲密"，即游戏的终点，是最后一个类别，属于无游戏生活的一部分。

读者可以自由地批评上述分类（但不要恶作剧或嘲笑）。列出这个分类，并非因为作者个人喜欢，而是因为这个分类比目前使用的其他分类系统功能更强、更真实、更实用。对于那些喜欢或需要分类系统的人来说，也许会有帮助。

参考文献

References

前言

[1] Berne, E., *Transactional Analysis in Psychotherapy*, Evergreen, 1961.

[2] Luce, R. D., and Raiffa, H., *Games & Decisions*, Chapman & Hall, 1957.

导言

[1] Berne, E., *Transactional Analysis in Psychotherapy*, Evergreen, 1961.

[2] Spitz, R., Hospitalism: Genesis of Psychiatric Conditions in Early Childhood, *Psychoanalytic Study of the Child*,1: 53–74, 1945.

[3] Belbenoit, Rene, *Dry Guillotine*, Cape, 1938.

[4] Seaton, G. J., *Scars on my Passport*, Hutchinson, 1951.

[5] Kinkead, E., *Why they Collaborated*, Longmans, 1960.

[6] French, J. D., The Reticular Formation, *Scientific American*, 196: 54–60, May 1957.

[7] 本书所使用的"口语"是在旧金山社会精神病学研讨会上逐渐形成的。

[8]   Levine, S., Stimulation in Infancy, *Scientific American*, 202: 80-86, May 1960.

Levine, S., Infantile Experience and Resistance to Physiological Stress, *Science*, 126:405, 30 August 1957.

[9]   Huizinga, J., *Homo Ludens*, Routledge, 1949.

[10] Kierkegaard, S., *A Kierkegaard Anthology* (ed. R. Bretall), Princeton University Press, 1947, pp. 22ff.

[11] Freud, S., General Remarks on Hysterical Attacks, Standard Edn, n, Hogarth Press, London, 1955.

Freud, S., Analysis of a Case of Hysteria, ibid., VI, 1953.

[12] Berne, E., *The Structure and Dynamics of Organizations and Groups*, Pitman Medical, 1963.

PART I   游戏分析
第一章   结构分析

[1]   Penfield, W., Memory Mechanisms, *Archives of Neurology & Psychiatry*, 67: 178–198,1952.

[2]   Penfield, W., & Jasper, H., *Epilepsy and the Functional Anatomy of the Human Brain*, Churchill, 1954, Chapter 11.

[3]   Berne, E., The Psychodynamics of Intuition, *Psychiatric Quarterly*, 36: 294–300, 1962.

第五章   游戏

[1]   Maurer, D. W., *The Big Con*, The Bobbs-Merrill Co., New York, 1940.

[2] Potter, S., *Theory and Practice of Gamesmanship*, Rupert Hart-Davis, 1947.

[3] Mead, G. H., *Mind, Self and Society*, Cambridge University Press, 1935.

[4] Szasz, T., *The Myth of Mental Illness*, Secker & Warburg, 1961.

[5] Berne, E., *The Structure and Dynamics of Organizations and Groups*, Pitman Medical, 1963.

PART II 游戏汇编

引言

[1] Berne, E., 'Intuition IV: Primal Images & Primal Judgments', *Psychiatric Quarterly*, 29: 634–658, 1955.

第六章 生活游戏

[1] Berne, E., *A Layman's Guide to Psychiatry & Psychoanalysis*, Simon & Schuster, New York, 1957, p. 191.

[2] Mead, M., *Growing Up in New Guinea*, Morrow, New York, 1951.

第七章 婚姻游戏

[1] Bateson, G., et al., Toward a Theory of Schizophrenia, *Behavioral Science*, 1: 251–264, 1956.

第八章 聚会游戏

[1] von Chamisso, Adelbert, *Peter Schlemiel*, Calder, 1957.

[2] 保罗·德·科克（Paul de Kock），19 世纪的剧作家和小说家，最著名的作品之一是《好脾气的家伙》（*A Good-Natured Fellow*），讲述的是关于一个放弃太多东西的人。

第十章　黑社会游戏

[1] 弗雷德里克斯·怀斯曼（Frederick Wiseman）在《精神病学和法律：谋杀案中精神病学的使用和滥用》['Psychiatry and the Law: Use and Abuse of Psychiatry in a Murder Case' (*American Journal of Psychiatry*, 118:289–299, 1961)] 中讲述了"警察和强盗"的一个清晰而悲惨的案例。案件涉及一位 23 岁的男子枪杀了自己的未婚妻然后自首的事。这件事并不容易处理，因为直到他反复说了四次后警察才开始相信他的故事。后来，他说："在我看来，我注定要死于电刑。如果是这样，那就会是这样。"作者说，指望一个非专业的陪审团去理解庭审中用专业术语提供的复杂的精神病学证词是荒唐的。但如果用游戏分析的语言，核心问题用不超过两个音节的词就可以说明：一个 9 岁的男孩决定注定死于电刑（原因庭审时已明确说明）。他利用余生朝这个目标前进，并且将他的女朋友作为攻击目标，最终自食其果。

[2] 想详细了解"警察和强盗"以及囚犯们玩的游戏的读者，请参见：Ernst, F. H., and Keating, W. C., Psychiatric Treatment of the California Felon, *American Journal of Psychiatry*, 120:974–979, 1964.

第十一章　咨询室游戏

[1] Berne, E., 'The Cultural Problem: Psychopathology in Tahiti', *American Journal of Psychiatry*, 116: 1076–1081, 1960.

PART III　超越游戏
第十六章　自主性

[1] Berne, E., 'Intuition IV: Primal Images & Primal Judgments', *Psychiatric Quarterly*, 29: 634–658, 1955.

[2] Jaensch, E. R., *Eidetic Imagery*, Harcourt, Brace, New York, 1930.

[3] 旧金山社会精神病研究会所做的这些实验仍处于初步研究阶段。将沟通分析有效地用于实验需要专门的训练和经验，就像将"色谱法"或"红外分光光度法"有效地用于实验一样。区分游戏和消遣并不比区分恒星与行星容易。详见：Berne, E., 'The Intimacy Experiment', *Transactional Analysis Bulletin*, 3: 113, 1964; 'More About Intimacy', ibid., 3: 125, 1964.

[4] 一些婴儿的感知能力由于各种原因（小儿消瘦症、某些绞痛等），很早就遭到了破坏，没有机会来练习这项能力。

第十七章　自主性的获得

[1] Mead, M., *New Lives for Old*, Gollancz, 1956.